UFO 청문회 2025

UFO 청문회 2025
침묵을 깬 자들, 날조인가 진실인가?

펴 낸 곳 투나미스
발 행 인 유지훈
지 은 이 연방기밀해제특별위원회©
프로듀서 변지원
기   획 이연승 최지은
마 케 팅 전희정 배윤주 고은경
초판발행 2025년 10월 31일
초판인쇄 2025년 10월 25일
주   소 수원시 권선구 금곡로196번길 62 에스제이타워 3층 305호
대표전화 010-4161-8077 | 팩스 031-624-9588
이 메 일 ouilove2@hanmail.net
홈페이지 www.tunamis.co.kr
I S B N: 979-11-94005-44-5 (03440) 종이책
I S B N: 979-11-94005-43-8 (05440) 전자책

* 잘못된 책은 구입처에서 바꿔 드립니다.
* 책값은 뒤표지에 있습니다.
* 이 책은 저작권법에 따라 보호받는 저작물이므로 무단전재와 무단복제를 금지하며 이 책 내용의 전부 또는 일부를 이용하려면 반드시 저작권자의 서면 동의를 받아야 합니다.

UFO
청문회
2025

연방기밀해제특별위원회 | 유지훈 옮김

은폐와 의혹, 그리고 증언—UFO를 둘러싼 역사적 기록이 공개된다!

SBS | KBS | MBC
뉴스가 일제히 보도한
UFO에 관한 기록

미 의회 공식
속기록 전문 수록

출간 전
화제작

THE CONGRESSIONAL HEARINGS ON UFO

투나
미스

주요 인물 | main figures

증인

제프리 누체텔리 Jeffrey Nuccetelli

미 공군 군사경찰 출신(현역 16년) 2003~2005년 밴덴버그 기지 주변 UAP 침입 의혹을 중심으로 내부고발 성격의 서면·구두 증언

알렉산드로 위긴스 Alexandro C. Wiggins

미 해군 현역 선임 상사 Senior Chief Petty Officer(작전특기)로 23년 복무. 2023-02-15 미 서부해역 훈련구역에서의 UAP 레이더·감시 체계 관측을 개인 자격으로 보고

조지 냅 George Knapp

라스베이거스 KLAS-TV 'I-Team' 수석 기자 겸 라디오 진행자. UAP 관련 탐사보도로 유명(피바디·머로상 수상 경력)

딜런 볼랜드 Dylan Borland

미 공군 정보특기(1N1, 영상/지리정보 분석) 출신 베테랑. 군 복무 중·이후 목격 및 조치 경험과 보복 우려를 증언

조 슈필버거 Joe Spielberger

민간 감시단체 POGO 수석정책자문. 국가안보 영역 내부고발자 보호 강화 입법 필요성 강조

진행·의장단

안나 파울리나 루나 Anna Paulina Luna
태스크포스 위원장(FL-13), 공군 주방위군 복무 경력. 청문회 개회사 통해 국방부·정보공동체의 비협조를 비판

재스민 크로켓 Jasmine Crockett
태스크포스 간사(TX-30), 전 공공변호사·민권 변호사 출신의 하원의원

하원의원

팀 버쳇 Tim Burchett, TN
내부고발자 보호 확대 방안 집중 질의. UAP 관련 초당적 공개 촉구 활동 다수

에릭 벌리슨 Eric Burlison, MO
관측 영상·교전 사례 등 기록·프로토콜 개선 질의. 2025 청문회에서 '예멘 영상' 관련 질의로 주목

스콧 페리 Scott Perry, PA
정부기관 조사·사후조치 및 정보 비공개 문제 질의

낸시 메이스 Nancy Mace, SC
'심리전 가능성' 등 정부 투명성·감사 이슈 제기, 태스크포스 공화당 측 구성원

차례 Contents

Part 1

Chapter 1 개회 013

Chapter 2 질의응답 1 029

Chapter 3 질의응답 2 057

Chapter 4 폐회 145

Part 2

Chapter 1 Opening Statements 153

Chapter 2 Q&A Session 1 165

Chapter 3 Q&A Session 2 187

Chapter 4 Closing (Adjournment) 276

1부 Part 1

1장 Chapter 1

개회

루나(의장): 안녕하십니까. 금일 미확인 이상현상, 즉 UAP 공개에 관한 청문회에 참석해 주신 여러분께 감사드립니다. 이 문제는 오랫동안 베일에 싸여 있었습니다. 비밀주의와 사회적 낙인, 때로는 노골적인 무시 속에서 말이죠. 분명히 말씀드리건대, 우리가 다루고 있는 주제는 공상과학 소설도 아니고 단순한 추측을 부추기는 것도 아닙니다. 이는 국가안보와 정부의 투명성, 그리고 미국 국민의 알 권리에 관한 중대한 사안입니다.

저는 군 내부의 여러 내부고발자들과 직접 대화를 나누었습니다. 특히 논란이 된 엘긴 공군기지 사건과 관련해서는 저와 전 하원의원 매트 게이츠 및 버쳇 의원이 함께 현역 공군 조종사 중 일부 내부고발자들의 증언을 추적하고 검증했습니다. 이들은 엘긴 공군기지에서 발생한 UAP 관련 활동을 미 공군이 의도적으로 은폐하고 있다고 주장했습니다.

우리가 군 조종사들로부터 재차 들은 이야기가 있습니다. 그들이 공개적으로 나서지 못하는 이유는 이런 사건에 대해 증언한다면 비행 자격을 박탈당하고 결국 군 경력 자체가 종료될 수 있다는 두려움 때문이라는 것입니다. 이는 도저히 받아들일 수 없는 상황입니다.

최고 수준의 훈련을 받은 목격자들의 입에 재갈을 물린다면 우리는 영공을 제대로 보호할 수 없을 것입니다. 의문을 제기하지 않는다면 과학은 발전할 수 없으며 미국 국민을 무지몽매 속에 방치한다면 정부에 대한 국민의 신뢰는 결코 기대할 수 없을 것입니다.

의회는 이 문제를 해결하기 위해 노력해 왔습니다. 군 관계자들이 안전하게 제보할 수 있도록 전영역 이상현상 해결국(AARO)과 정보공동체 감찰관이라는 공식적인 신고 경로를 마련했습니다. 하지만 현실은 어떻습니까? 보고서가 접수되어도 대부분 가볍게 무시되거나 늑장 처리되는가 하면, 진지한 조사 대신 처음부터 회의적인 시각으로 일관하는 경우가 너무 많습니다.

최근 AARO의 전 국장인 션 커크패트릭이 증인들과 본 위원회

위원들을 공개적으로 저격한 것을 보았습니다. 그는 과거에 거짓말을 한 기록이 있는 인물입니다. 혹시라도 그의 목적이 철저한 조사를 통해 의회에 정확한 결과를 보고하는 것이 아니었다면 도대체 AARO에서 그가 진짜 하려던 일이 무엇인지 묻지 않을 수 없습니다.

전 국방부 정보 부차관보였던 크리스 멜론은 AARO가 발표한 최근 보고서에 대해 신랄한 비판 의견을 내놓았습니다. 이 보고서는 어떤 미국 정부 조사나 학계 후원 연구, 공식 검토위원회도 UAP 목격 사례를 외계 기술로 확인한 증거를 찾지 못했다고 결론지었습니다.

그러나 멜론은 이 보고서를 수십 년간의 공직 생활에서 본 정부 보고서 중 가장 오류가 많아 만족스럽지 못한 결과물이라며 혹독하게 비판한 것입니다. 더욱 문제가 되는 것은 이 보고서가 국가정보국장의 승인도 없이 의회에 제출된 최초의 AARO 보고서였다는 점입니다. 또한 이 분야를 광범위하게 연구하거나 관련 주제로 다수의 저작을 발표한 학자들과 전문가들의 의견을 의도적으로 배제한 것으로 보입니다.

멜론의 지적에 따르면 이 보고서는 의회가 법적으로 요구한 사항을 제대로 충족하지 못했다고 합니다. UAP와 관련된 조사나 활동이 확인된 기관을 통째로 누락시켰고 UAP에 관한 기밀 및 비기밀 정보 은닉 시도에 대한 논의도 고의로 빠뜨렸습니다. 이러한 은닉 시도는 미국 관세국경보호청을 비롯한 여러 기관의 기록과 조사를 통해 실제로 뒷받침되고 있는 사안임에도 말입니다. 우리가 사무국과 감시 기구를 설치해 놓고도 증언을 묻어버리는 무덤으로 만들거나, 더 심각하게는 실제 후속 조치 없이 조사하는 척만 하는 허울로 전락시킨다면 우리는 제 본분을 다하지 못하고 있는 것입니다.

최근 몇 달 동안 의회에는 현재 기술 수준을 뛰어넘는 것으로 보이는 기술들을 시사하는 증거가 제출된 바 있습니다. 선출된 대표로서 우리의 의무는 사실이 어디로 향하든 끝까지 추적하고 그 사실이 기밀이라는 봉인이나 관료적 변명 뒤에 묻혀버리지 않도록 하는 데 있습니다.

분명히 말씀드리겠습니다. UAP가 적대국의 기술이든, 자연현상이든, 아니면 인간의 이해력을 초월하는 무엇이든 간에 의회는 이를 조사할 책임이 있습니다. 이 물체가 해외에서 온 것이라면 이는 국가안보에 직접적인 위협이 됩니다. 혹시라도 우리가 아직 알지 못하는 무엇인가라면 이는 조롱이나 은폐나 침묵이 아니라 철저한 과학적 조사가 필요할 것입니다.

이 문제의 중대성은 아무리 강조해도 지나칠 리 없습니다. 적대국은 우리가 추월하기를 기다려주지 않습니다. 여러 국가들이 이

미 이 문제에 대해 적극적으로 연구하고 있으며 자국 의회 차원의 조사도 발표하고 있습니다. 우리가 계속해서 스스로 정보를 숨긴다면 전략적 기습을 당할 위험을 자초하는 것입니다. 조종사와 현역 장병들, 그리고 수많은 정부 내부고발자를 계속 무시한다면 그들의 신뢰를 잃게 될 것입니다. 진실을 국민으로부터 가리는 일을 지속한다면 민주적 책임성의 토대 자체가 침식될 공산이 큽니다.

바로 이것이 오늘 청문회가 중요한 이유입니다. 이는 억측을 부추기려는 논쟁이 아닙니다. 국방부와 정보공동체, 그리고 관련 군수업체들로부터 기본적인 투명성을 요구하는 문제입니다.

이는 모든 미국인이 물을 권리가 있는 질문을 묻는 일입니다. 우리는 무엇을 알고 있으며, 무엇을 모르는가? 그리고 왜 자유사회임에도 이렇게 적은 정보만 알려주는가? 위원회의 UAP 조사를 가로막아온 가장 큰 장애물은 국방부와 정보공동체의 조력과 투명성 부족이었습니다.

이전 UAP 청문회를 준비하는 과정에서 위원회는 국방부에 반복적으로 요청했습니다. UAP 사건과 관련된 영상과 자료를 위원들이 검토할 수 있게 해달라고 말입니다. 하지만 안타깝게도 국방부는 위원회 직원들에게 이렇게 통보했습니다. 부서의 특수접근프로그램(SAP) 규정상 하원 군사위원회와 하원 국방예산소위원회 소속 위원들만 해당 프로그램에 접근할 수 있다고 했습니다. 이들 위원회에 속하지 않은 위원에게 이러한 문서와 영상을 보여주려면 군사위원회와 국방예산소위원회 양쪽의 위원장과 간사 모두의 승인이 필요하다는 것입니다.

독립적인 특수접근프로그램 감시는 의회에 지속적인 문제를 제기해 왔습니다. 프로그램 예산 자체가 기밀로 분류되어 있고 의회에 대한 감독 보고서마저 기밀로 분류되어 해당 승인 및 예산 위원회에만 제공되고 있습니다.

미국 국민은 연약하지 않습니다. 그들을 어린아이처럼 현실로부터 보호할 필요가 없습니다. 그들이 용납하지 못하고 결코 용서하지 않는 것은 진실을 숨기고, 진실을 말하기 위해 용기를 내려는 사람을 처벌하는 정부입니다.

마지막으로 이 말씀을 드리며 마치겠습니다. 미래 세대는 이 순간을 되돌아보며 우리가 미지의 문제에 직면했을 때 어떻게 행동했는지 물을 것입니다. 우리가 부끄러움이나 두려움으로 외면했는가, 아니면 용기를 내어 진실을 추적하고 파악했는가를 물을 것입니다. 저는 진실과 투명성, 그리고 책임의 편에 서겠습니다. 이 태스크포스 동료들도 같은 편에 서 주시길 바랍니다.

일부 선출직 인사들의 발언을 인용해 보겠습니다. 슈머 상원의원은 "여러 신뢰할 만한 출처들이 UFO를 둘러싼 헌법적 위기 상황을 제기하고 있다"고 말했습니다. 라운즈 상원의원은 제보자들을 "뛰어난 인물"이며 "이런 이야기를 지어낼 수 없는 사람들"이라고 밝혔습니다. 아울러 현 국무장관인 마르코 루비오는 이 내부고발자들에 대해 "매우 높은 보안 허가를 받고 정부 내 고위직에 있는 사람들"이라고 언급했습니다. 매코넬 상원의원 역시 이 내부고발자들을 "이성적"이고 "신빙성 있는" 인물로 평가했습니다.

오늘 출석한 증인들은 혼자가 아닙니다. 전혀 그렇지 않습니다. 지금까지 침묵을 깬 고위 군·정부·정보 당국자가 34명에 달합니다. 여기에는 현 국무장관 마르코 루비오, 라운즈 상원의원, 길리브랜드 상원의원, 짐 클래퍼 장군(정부 UAP 태스크포스 전 국장), 백악관 국가안보회의 항공보안 전 책임자, 전 국방장관 등 수많은 인사들이 포함됩니다. 다시 한 번 루비오 국무장관의 말을 인용하겠습니다. 곧 공개될 다큐멘터리 『공개의 시대(The Age of Disclosure)』에서 그는 이렇게 말했습니다. "심지어 대통령조차 알 필요가 있는 정보need-to-know 원칙에 따라 운영되어 왔고, 그 결과 상황이 통제를 벗어나기 시작했다."

같은 다큐멘터리에서 공개 발언한 길리브랜드 상원의원의 말도 인용하겠습니다. "이 정부 안에 아무도 들여다볼 수 없는 비밀 영역이 존재한다는 것은 용납할 수 없다."

이제 UAP의 근본적 진실을 국가의 지도자와 국민들에게 밝혀야 할 때입니다. 미국 정부가 투명성을 발휘해야 할 때입니다. 이상으로 발언을 마치겠습니다. 이제 크로켓 간사의 모두발언을 듣겠습니다.

크로켓: 의장님, 감사합니다. 정부에 대한 불신이 커지고 있는 이 시기에 의회가 정부 신뢰 회복을 위한 조치를 취하는 것은 매우 중요합니다. 대중의 큰 관심사가 되고 있는 문제에 투명성을 기하는 것은 그 목표를 향한 중요한 첫걸음입니다. 이를 논의하기 위해 초당적 청문회를 소집해 주신 루나 의장님께 감사드립니다.

오늘 우리가 다루는 용어인 미확인 이상현상(UAP)은 과거 일반적으로 UFO, 즉 미확인비행물체로 알려졌던 대상을 가리킵니다. 일부 사람들은 이 용어를 들으면 비행접시를 떠올리기도 하지만 UAP가 주요 인프라와 민간인의 안전, 그리고 국가안보에 미치는 실질적 영향을 중심으로 논의하는 것이 중요하다고 봅니다.

UAP는 대부분 훨씬 더 가까운 기원을 가지고 있을 것이라는 합리적인 이유가 있습니다. 현재까지 NASA는 어떠한 UAP도 외계에서 왔다는 증거를 찾지 못했습니다. 우리의 적대국들은 군사적 우위를 얻기 위해 새로운 역량을 개발하고 있으며 우리가 목격한 이 미스터리를 설명하는 가장 유력한 원인은 바로 그러한 노력일 가능성이 큽니다.

그럼에도 연방 정부는 모든 사건을 조사하고 미국 국민에게 투명하게 공개할 책임이 있습니다. 또한 목격한 것을 보고한 사람들을 보호할 의무가 있습니다. 특히 상관이나 지휘관에게 보고하는 경우, 의회는 내부고발자를 지키지 못하는 기관들을 감독하고 최대한 보호해야 합니다.

민주주의는 투명성 여하에 존속이 결정됩니다. 그리고 투명성은 종종 경력과 명예, 때로는 개인의 안전까지도 감수하고 진실을 말하려는 개인의 용기가 좌우합니다. 그렇기에 오늘 증인들의 증언을 경청하고 그들이 우리 앞에 선 용기를 인정하며 환영해야 합니다.

우리는 모든 내부고발자들이 보복이나 경력상의 불이익을 두려워하지 않고 의회에 나와 허심탄회하게 이야기할 수 있다고 느낄 수 있도록 보장해야 합니다. 투명성이 필요한 이유는 두 가지를 꼽습니다. 더 나은 정책을 만들기 위해서. 그리고 정보가 필요한 모든 이들에게 막힘없이 전달되도록 하기 위해서 입니다.

우리 역사에는 비극적인 사례가 너무 많습니다. 정보의 단절과 기관 간 협력 부족이 재앙으로 이어진 경우들 말입니다. 올해만 해도 연방항공청(FAA)과 국방부 간의 소통 실패가 **포토맥 강 상공에서의 참극**을 초래했습니다.

2025년 1월 29일 워싱턴 D.C. 포토맥 강 상공에서 발생한 미군 UH-60 블랙호크 헬기와 아메

리칸 이글 여객기(PSA 항공 운영) 간 공중충돌 사고를 말한다. 사망 67명의 대형 참사로, 이후 NTSB 청문회에서 FAA 국방부(미 육군) 간 조정·통신 문제가 도마에 올랐고 FAA는 포토맥 주변 헬기 비행 제한 등 즉각 조치를 발표했다

바이든-해리스 행정부는 국방부 내에 전영역 이상현상 해결국(AARO)을 설립해 이런 단절을 줄이려 했습니다. AARO는 모든 군 부문과 FAA, NASA의 자원을 모아 영공에서 벌어지는 사건을 종합적으로 파악할 수 있습니다.

물론 일부 UAP 보고서는 전혀 특별하지 않은 설명을 늘어놓을 때도 있습니다. 위성, 민간 드론, 기상 관측 기구, 심지어 장난일 때도 있습니다. 그러나 우리는 모든 UAP를 하나하나 추적해야 합니다.

미국은 전자 장비와 인간의 눈을 통해 수백만 쌍의 눈을 하늘에 두고 있습니다. 그러나 민간, 상업, 군사적 자원을 결합해야만 비로소 완전한 청사진을 그릴 수 있습니다. 따라서 사람들이 목격한 것을 관련 당국에 보고할 수 있어야 하고 보복에 대한 두려움 없이 그럴 권리를 행사해야 합니다.

미국 역사에는 언제나 그런 사람들이 있었습니다. 개인의 불이익을 무릅쓰고 때로는 경력을 걸고서라도 옳다고 믿는 일에 나선 공직자들 말입니다. 펜타곤 페이퍼스부터 워터게이트, 고문 프로그램에 이르기까지, 내부고발자들은 대중에게 진실을 알렸을 뿐 아니라 의회가 헌법상 책무인 감시 기능을 수행할 수 있도록

힘을 실어주었습니다.

과거 의회는 내부고발자들에게 법적 보호를 부여하는 법을 제정했습니다. 이제는 우리가 모든 출처와 협력해 행정부의 책임을 묻도록 만드는 것이 우리의 몫입니다.

오늘 우리는 미국 국민에게 중요한 사건을 목격한 이들의 이야기를 듣고 내부고발자를 환영하고 보호하는 환경을 조성하는 정책을 지지하기 위해 이 자리에 섰습니다.

이번 청문회가 내부고발자들이 마땅히 받아야 할 존중과 보호의 본보기가 되길 바랍니다. 또한 연방 정부에 대한 감독의 중요성을 보여주는 계기가 되기를 바랍니다.

이상입니다.

금일 청문회에 참석해 주신 증인단을 반가운 마음으로 소개할까 합니다.

먼저 제프리 누체텔리를 환영합니다. 그는 미 공군 출신 베테랑이자 20년 넘게 국가안보와 법집행 및 공공행정 분야에서 경력을 쌓아온 연방 정부 직원입니다.

다음으로 알렉산드로 위긴스를 소개합니다. 위긴스는 현재 미 해군에서 선임 작전 주임으로 복무 중이며 오늘은 미 해군을 대표하는 것이 아니라 개인 자격으로 증언하러 오셨습니다. 이제 네바다주 타이터스 의원님께 발언권을 드리겠습니다.

타이터스: 의장님, 간사님들, 그리고 동료 위원님들, 오늘 이 자리에 함께할 수 있도록 허락해 주셔서 감사합니다. 제 지역구 출신의 증인을 소개할 수 있어 영광입니다.

오늘 이 자리에서 증언할 조지 냅은 여러분이 다루고 있는 주제, 즉 UAP나 UFO 문제에 있어 가장 권위 있는 전문가이자 기자입니다. 조지는 제 오랜 친구이기도 하지만 국내외적으로 널리 존경받는 언론인이자 관련 분야의 전문가입니다.

조지에 대해 잠시 말씀드리겠습니다. 그는 1979년 라스베이거스로 와서 1981년 KLAS 방송국에 일반 기자로 합류했습니다. 1995년부터는 동 채널의 수석 탐사보도 기자로 활동하고 있습니다. 또한 전국 라디오 프로그램인 「코스트 투 코스트 Coast to Coast AM」을 진행하며 오늘 여러분이 논의하는 초자연 현상 관련 주제를 폭넓게 다루고 있습니다.

수년간 조지는 보도 실력으로 인정받아왔습니다. 피바디상, 듀퐁상, 에드워드 머로상, 그리고 탐사보도로만 27개의 지역 에미상을 수상했습니다. 그는 네바다 이야기를 명확하고 객관적이며 진실성 있게 전해왔습니다. 따라서 오늘 그의 증언이 이 위원회에 큰 관심과 가치를 더할 것이라 확신합니다. 감사합니다.

다음은 딜런 볼랜드를 소개합니다. 볼랜드는 미 공군 베테랑으로, 오랜 연방 공직 경력을 가지고 있습니다.

마지막으로 정부감시프로젝트(Project on Government Oversight, 이하 POGO)의 선임 정책 고문인 조 슈필버거를 소개합니다.

위원회 규정 9G에 따라 증인들께서는 모두 자리에서 일어나 오른손을 들어 주시기 바랍니다. 지금부터 하실 증언이 진실이며 온전한 진실이고, 진실이 아닌 것은 아무것도 없음을 선서하십니까? 기록에는 증인들이 모두 긍정적으로 답한 것으로 남겨 주시기 바랍니다. 감사합니다. 자리에 앉으셔도 됩니다.

오늘 이 자리에 와 주신 데 대해 감사드리며 여러분의 증언을 매우 기대하고 있습니다. 증인 여러분께 참고로 말씀드리면 이미 제출하신 서면 진술서는 위원회가 모두 정독했으며 청문회 기록에 전문이 실릴 것입니다. 구두 진술은 다섯 분으로 제한되지만, 하실 말씀이 많을 것을 이해합니다. 조금 초과하더라도 크게 걱정하지 마십시오.

다시 한번 말씀드리면 발언하실 때 앞의 마이크 버튼을 눌러 불이 들어와야 합니다. 발언을 시작하면 초록 불이 켜지고, 4분이 지나면 노란 불이 켜집니다. 빨간 불이 들어오면 5분이 초과된 것이니 마무리를 부탁드립니다. 이제 누체텔리의 모두발언을 청취하겠습니다.

| 2장 **Chapter 2**

질의응답 1

누체텔리: 안녕하십니까. 오늘 저희에게 증언할 기회를 주신 루나 의장님, 크로켓 간사님 및 태스크포스 위원 여러분께 감사드립니다.

제 이름은 제프리 누체텔리입니다. 저는 미 공군에서 16년간 복무한 전직 군사경찰이며 현재는 연방 공무원으로 일하고 있습니다. 제가 오늘 여기 서있는 이유는 미국 국민에게 미확인 공중현상 UAP에 대한 진실을 알 권리와 알 의무가 있다고 믿기 때문입니다. 그 진실은 현재까지 숨겨져 있고 기밀로 처리되어 있으며 두려움과 보복, 낙인, 혼란 때문에 침묵을 강제해 왔습니다. 오늘 우리는 그 침묵을 깨뜨리는 데 도움이 되기 위해 이 자리에 섰습니다.

2003년과 2005년 사이, 국방 및 미사일 방어 분야의 최우선 과제인 국립미사일방어사업의 거점인 밴덴버그 공군기지에서 다섯 건의 UAP 사건이 발생했습니다. 당시 우리는 국가정찰국NRO이 지난 25년 중 가장 중요하다고 본 위성 발사 프로젝트를 수행하고 있었습니다. 이는 역사적인 임무였고 해당 시설은 국가적으로 매우 중요했는데요 현장에서는 UAP가 여러차례 방문하는 사건이 벌어졌습니다.

각 사건은 다수의 인원이 목격했고 기록으로 남겨졌으며 조사를 거쳐 지휘 계통을 통해 상부에 보고되었습니다. 우리는 정보를 상부에 올렸지만 이런 사건을 어떻게 처리해야 할지에 대한 지침은 하달되지 않았습니다. 저는 개인적으로 이들 사건 중 하나를 직접 목격했고 발생한 다른 사건들에 대해 조사를 수행했습니다. 또한 여섯 명의 다른 현역 및 전역 병사들이 오늘 제가 공유할 정보를 저에게 제공했습니다.

UAP 침입은 2003년 10월 14일에 시작되었습니다. 보잉 계약자들이 두 개의 미사일 방어기지 상공에 붉은색의 빛나는 거대한 정사각 물체가 소리 없이 떠 있는 것을 보고했습니다. 몇 분 후 그것은 기지 쪽으로 더 동쪽으로 움직여 언덕 너머로 사라졌습니다. 지금은 '밴덴버그 레드 스퀘어Vandenberg Red Square'로 알려진 이 사건은 루나 의장님께서 이 주제의 첫 청문회에서 언급하신 바 있습니다. 이 사건에 대한 공식 공군 기록은 AARO와 FBI가 보유하고 있습니다.

그날 밤 늦게, 제가 근무 중일 때 중요 발사 지점의 경비원이 바다 위에서 밝고 빠르게 움직이는 물체를 보고했습니다. 저는 해당 사건을 조사하기 위해 출동했습니다. 물체가 급속히 접근하자 무전에 혼란이 일었습니다. 저는 지인이 외치는 소리를 들었습니다. "이쪽으로 오고 있어, 지금 여기를 향해 오고 있다니까, 벌써 여기야." 그러고는 잠시 후 "쏜살같이 사라졌다"고 하는 말을 들었습니다.

현장에 도착했을 때 저는 진정이 안 된 다섯 명의 목격자와 이야기를 나눴습니다. 그들은 축구장이 아니라 미식축구장보다 큰 거대한 삼각형 형상의 기체가 진입통제소 상공에서 약 45초 동안 소리 없이 떠 있다가 불가능한 속도로 도주했다고 털어놓았습니다.

약 일주일 후에는 또 다른 순찰대가 바다 위에서 기이한 움직임을 보이는 빛을 보고했습니다. 미승인 항공기로 여겨 긴급 상황을 선언했고 무장 대응팀이 출동했습니다. 대응 병력이 도착하기도 전에 그 물체는 하강해 우리의 활주로에 착지, 활주로 위에 떠 있었고 다시 불가능한 속도로 이륙했습니다. 목격자들은 사건 이후 위협과 협박을 받았습니다. 그들에게는 조용히 있으라는가 하면 자신들이 보고한 내용을 곰곰이 생각하라는 식의 지시가 내려졌습니다.

그후 한동안 상황은 잠잠해졌지만 2005년경 순찰대는 다시 한 번 C-130 수송기보다 큰 거대 삼각형 기체가 기지 상공에 소리 없이 떠있다는 것을 보고했습니다. 그는 몇 분 동안 기체를 지켜봤는데요 그것은 서쪽으로 이동한 뒤 어둠 속으로 사라졌다고 합니다.

아울러 2005년에는 저도 직접 목격한 적이 있습니다. 당시는 비번이었고 경찰 동료 둘과 뒷마당에 앉아 있었을 때였습니다. 처음에는 궤도를 도는 위성처럼 보였지만 위성처럼 움직이지 않더군요. 빛이 이상하게 깜박이더니 기동을 하기 시작했습니다. 고도가 떨어지기도 했고 때로는 시야에서 사라졌다가 다른 지점에서 다시 나타나기도 했습니다.

나중에는 제 집 위 200피트(약 60미터) 상공에 다시 나타났습니다. 직경이 약 30피트(약 9미터) 크기의 빛나는 구체였습니다. 제 동료들과 저는 잠시 그것을 지켜봤습니다. 구체는 부드럽게 가속하여 위로 올라갔고 별 속으로 사라지는 것을 목격했습니다. 사건은 저와 동료들의 삶을 크게 바꿔놓았습니다.

우리는 역사적 분기점에 서 있습니다. 문제는 이러한 사건이 실제인지 아닌지가 아니라, 우리가 이에 맞닥뜨릴 용기가 있는지입니다. 진정한 리더십은 비전이며 미지의 것을 투명성과 결단으로 맞서려는 의지를 요구합니다.

그래서 저는 의회가 국민과 함께 이 비전을 실현하는 데 힘을 실어주길 요청합니다. 이를 위해 세 가지 목표를 제시합니다.

첫째, 독자적인 연구에 자금을 지원하고 UAP 연구를 다른 과학 분야와 똑같이 진지하게 다루어 주십시오.

둘째, 비밀주의와 과도한 구분을 끝내주십시오. 투명성은 진실의 토대입니다. 투명성이 없으면 우리 같은 목격자들은 묵살당하기 십상입니다.

셋째, 목격자를 보호하십시오. 많은 이들이 경력과 명예, 가족의 안전을 우려해 침묵했습니다. 그들을 보호하면 더 많은 이들이 대의에 동참할 용기를 얻게 될 것입니다.

이 현상은 현실과 의식, 그리고 우주에서 우리의 위치에 대한 가장 심도 있는 가설에 이의를 제기합니다. 이를 탐구한다면 기술과 생물학과 인간을 이해하는 데 혁명적인 돌파구를 열 수 있습니다.

미국이 두려움보다 용기를, 은폐보다 투명성을, 침체보다 발전을 선택하는 순간이 오게 합시다. 우리나라가 단지 힘으로만이 아니라 진실을 두려움 없이 파헤침으로써 세계를 이끈다는 것을 보여줍시다. 감사합니다.

루나: 감사합니다. 누체텔리. 이제 위긴스 수석의 모두발언을 들어보겠습니다. 버튼을 눌러 주십시오. 감사합니다.

위긴스: 안녕하십니까, 루나 의장님, 크로켓 간사님, 그리고 태스크포스 및 위원회 위원 여러분. 오늘 증언할 기회를 주셔서 감사합니다.

제 이름은 알렉산드로 위긴스입니다. 저는 현역 미 해군 작전 전문 부사관이며 세 자녀의 아버지이자, 애국심이 강한 시민으로 오늘은 개인 자격으로 증언하게 되었습니다. 제가 공개하는 견해는 제 개인적인 견해이며 해군이나 어떤 하부 조직의 공식 입장을 대변하지 않는다는 점 먼저 말씀드립니다.

2023년 2월 15일 저녁, 태평양 표준시로 약 19시 15분경, 남부 캘리포니아 연안의 위스키291(Whiskey-291) 경고 구역에서 저는 USS 잭슨호에 탑승해 있었습니다. 그 기간 저는 내부 통신 센터(ICC-1)와 브리지 윙 사이를 오가며 센서 상의 영상을 시각적 관측 결과와 대조하는 일을 수행했습니다. 이는 해상 및 항공 상황 관리에 대한 저의 일상적인 업무 중 하나입니다.

제가 관찰하고 우리 승조원이 기록한 것은 시스템에 나타나는 통상의 항공기나 드론과는 일치하지 않았습니다. 자기 발광형 '틱택(Tic Tac)' 모양의 물체가 바다에서 솟아올라 세 개의 유사한 물체와 합류했습니다. 네 물체는 순간적인 가속으로 거의 동시에 사라졌습니다.

저는 음속돌파음(소닉붐)이나 통상적인 추진 흔적이나 배기가스 흔적, 혹은 사파이어Sapphire 영상 시스템에 나타나는 조종면(항공기나 미사일의 비행 방향과 자세를 제어하는 움직이는 날개 부분)의 움직임도 관찰하지 못했습니다. 동시 이탈 직후 레이더 추적은 끊겼습니다. 이러한 관측은 다중센서에 기록되었고 ICC-1 내부에도 기록되었는데 시간과 위치 오버레이가 포함된 소스 프레임은 언론인들에 의해 이미 공개된 바 있습니다.

제가 수년간 이 지역에서 근무하며 경험한 바와 공개된 목격 사례들을 보면, 미확인 물체들이 남부 캘리포니아 앞바다 미군 작전 구역에서 반복적으로 나타나고 있습니다. 이런 사실만으로는 물체의 정체를 알 수 없지만, 목격자들이 불이익 없이 보고할 수 있는 체계를 마련하고, 분석가들이 안전 및 정보상의 의미를 엄밀히 검토할 수 있도록 모든 센서 데이터를 체계적으로 보존해야 한다는 점을 강력히 시사합니다. 저는 태스크포스와 위원회에 세 가지 점을 강조하고 싶습니다.

첫째, 항공 및 해상 안전 문제입니다. 익히 알려진 비행 및 항해 패턴과 맞지 않는 방식으로 기동하거나 가속하는 물체를 승조원과 감시병들이 함정과 항공기 인근에서 목격한다면 이는 무엇보다 안전이 달린 문제일 것입니다. 따라서 표준화된 체크리스트와 훈련을 통해 적외선(IR) 설정, 경사거리 측정, 방위각·거리·고도 데이터 등 최상의 센서 정보를 실시간으로 확보하고 모든 기록물을 즉시 증거 관리 체계에 따라 보존해야 합니다.

둘째, 경력상의 불이익이 없는 보고체계와 보복하지 않는 보호 정책입니다. 해군 장병들은 UAP를 보고하는 것이 자신의 경력에 해가 되지 않는다는 점을 알아야 합니다. 의회는 증인 보호를 강화하고 관련 기관에 데이터를 가지고 나서는 장병을 위한 기밀유지 및 목격자 보호 채널을 유지하도록 지시한다면 도움이 될 수 있을 것입니다.

셋째, 최대한 기밀을 해제하고 투명성을 제고하는 것입니다. 태스크포스의 기밀 해제 임무는 직접적인 관련이 있습니다. 작전 보안이 허용하는 범위에서 메타데이터가 보존된 센서 발췌 영상이나 최소한의 기술 요약이라도 공개된다면 대중의 신뢰를 높이고 외부의 과학적 검증을 촉진할 수 있을 것입니다. 여기에는 독립 분석에 필요한 시간 및 지리 참조 IR 프레임과 레이더 매개변수(레이더가 물체를 탐지할 때 기록하는 측정값과 설정 정보) 공개도 포함됩니다.

저는 분명히 강조하고 싶습니다. 제 권한과 경험의 범위를 넘어선 주장을 하러 온 것이 아닙니다. 제가 직접 본 것과 시스템이 기록한 것과, 그것이 안전과 정보 및 대중의 신뢰 측면에서 왜 중요한지를 전달하기 위해 이 자리에 선 것입니다.

제가 위원회에 드리는 요청은 실용적인 문제입니다. 증거를 확보하고 보호하고, 이를 공정하게 분석하며 제복 입은 이들이 안전하게 보고할 수 있는 경로를 마련해 주십시오.

끝으로, 청문회를 개최하고 증거를 세심하게 공개적으로 검토할 수 있는 장을 마련해 주신 위원회와 태스크포스에 감사드립니다. 경청해 주셔서 감사드리며 질문해 주시면 성실히 답변하겠습니다. 감사합니다.

루나: 감사합니다, 위긴스 수석님. 이제 냅의 모두발언을 청취하겠습니다.

냅: 안녕하세요. 루나 의장님, 크로켓 간사님, 태스크포스 위원 여러분, 그리고 디나 타이터스 의원님. 본 주제에 대해 언젠가는 함께하시리라 생각했는데 이렇게 뵙게 되어 반갑습니다.

저는 라스베이거스 KLAS-TV의 수석 탐사보도 기자 조지 냅입니다. 이 기이한 미스터리를 추적하기 시작한 것은 1987년으로 거슬러 올라가며 38년 동안 저는 늘 이 사안을 뉴스 기사로 접근해 왔습니다. 제게 이 문제는 신앙이나 신념의 문제가 아니라 하나의 사건이고 중요한 이야기입니다.

오늘 여러 증인과 함께 이 자리에 설 수 있어 자랑스럽습니다. 이들은 기이한 것을 보고 앞에 나선 사람들입니다. 내부고발자와 증인들은 앞에 나설 때 일상적으로 모욕이나 멸시를 당하거나 그보다 더한 일을 겪습니다. 그들은 명예와 경력, 보안 허가, 생계, 때로는 그 이상―심지어 자유까지―을 걸어야 합니다.

알다시피, 태스크포스의 목표 중 하나는 내부고발자와 증인을 보호할 방편을 찾는 것입니다. 하지만 쉽지 않은 일입니다. 이런 증인들에게 닥치는 많은 불이익이 법의 테두리를 벗어나 비합법적으로 자행되기 때문입니다. 그런 불미스런 일은 정체불명의 사람들이 벌이고 있습니다. 저 위쪽에 앉아 계신 데이브 그러쉬Dave Grusch가 그 누구보다 잘 알 겁니다. 최근 며칠 사이에 그에게 일어난 일을 포함해서 말이죠.

저는 이 자리를 빌려 기나긴 여정에서 배운 몇 가지를 나누고자 합니다. 대부분은 서면으로 제출했는데요 발언을 전부 하려면 4시간 반가량은 걸릴 거라는 생각에 여기서는 핵심적이고 중요한 지점만 짚어 보겠습니다.

시민들은 1940년대 후반 이후 같은 말을 줄기차게 들어왔습니다. "걱정할 것 없다. 수백만 명이 하늘에서, 바다에서, 육지 위에서 본 이 수수께끼의 비행체들은 실체가 아니며 위협의 소지 또한 없다. 목격자들은 틀렸고 어차피 괴짜이니 믿지 말라"는 통설 말입니다. 그러나 저에게 결정적인 전환점은 문서, 즉 정보공개법(FOIA)이 법으로 정착된 이후 미 정부에서 짜내듯 얻어낸 문서였습니다. 이 문서들은 대중과 언론 및 의회에 여러 해 동안 전해진 내용과는 사뭇 다른 그림을 그려왔습니다. 군과 정보 당국자들이 비공개 회의에서 남긴 문서들은 이렇게 고백하고 있습니다. "이것은 실재한다. 허구가 아니다. 편대로 비행할 수 있고 회피 기동을 하는가 하면 우리에게 알려진 어떤 항공기보다 뛰어난 성능을 보인다"라고 말이죠. 그러나 일반인들에게는 전혀 다른 이야기가 전달되어 왔습니다.

1989년으로 거슬러 올라가면, 저는 밥 라자르Bob Lazar라는 인물에 대해 보도한 적이 있습니다. 그는 네바다 사막에 있는 51구역 바로 근처의 S4라는 시설에서 일했다고 주장했습니다. 그는 자신이 역설계 프로그램의 일원이었으며 그곳에서 외계 비행체들을 분해해서 작동 원리를 파악하는 작업이 이루어지고 있었다고 말했죠. 그건 정말 대담한 도전이었습니다. 명백히 제가 깊은 수렁에 뛰어든 거였으니까요. 하지만 그 이후 수십 명의 다른 사람들을 인터뷰했고 그들의 증언 내용을 서면 진술서에 상세히 정리했습니다.

제가 접촉한 인물들 중에는 해리 리드Harry Reid 상원의원을 비롯하여 하워드 캐넌Howard Cannon 전 상원의원과, 네바다 핵시험장을 관리했던 EG&G의 초대 총관리자인 알 오도넬Al O'Donnell 같은 이들이 있습니다. 또한 국방정보국DIA 소속의 경력 과학자 제임스 라카츠키 박사Dr. James Lacatski도 있었는데, 그는 AAWSAP(고등항공우주무기체계응용프로그램Advanced Aerospace Weapon Systems Applications Program)라는 프로그램을 개시한 인물입니다.

알다시피, AAWSAP는 미 정부가 자금을 지원한 것 중 가장 큰 규모로 인정된 UFO 프로그램으로, 이 위원회와 전 세계가 대부분 본 적이 없는 엄청난 분량의 정보를 수집했습니다. DIA는 그 프로그램이 수백만 달러를 들여 준비한 자료의 95퍼센트를 아직 공개하지 않고 있습니다.

이번에 특히 거론하고 싶은 인물은 로버트 비글로Robert Bigelow입니다. AAWSAP가 가동됐을 때 DIA의 계약자였던 라스베이거스의 로버트 비글로는 UFO 충돌 사고와 역설계 가능성을 입증할 물리적 증거를 확보하려 했습니다. 이때 록히드 마틴Lockheed Martin은 UFO를 보관하고 분석한 방위산업체 중 하나였다는 보도와 의혹이 널리 제기되어 왔습니다.

기록으로 확인해 드리면 로버트 비글로와 AAWSAP 소속의 신뢰받는 동료는 록히드 마틴의 고위 경영진과 만나 협상을 벌였고 비글로의 회사가 캘리포니아의 한 시설에 보관·보존되어 있던 다량의 물질을 인수하는 합의를 성사시켰습니다. 그 물질은 여기 미국에서 만들어진 것이 아닙니다.

그럼 제가 오늘 말씀드리려던 핵심인 러시아 자료로 넘어가겠습니다. 1990년대 초반, 저는 러시아로 들어가 국방성 관계자를 여러 차례 접촉했습니다. 그들은 미국과 마찬가지로 러시아도 공공연히 다른 이야기를 하는 한편 비밀리에 UFO를 연구해 왔음을 확인해 주었습니다. 제가 얻은 문서들과 인터뷰는 소련이 아마도 세계에서 가장 폭넓은 UFO 및 UAP 조사를 감행했다는 사실을 보여줍니다.

첫 단계는 소련 전 군사 조직에 하달된 명령이었습니다. 공중에서 이상한 것을 보거든 비행체든, 구체든, 평소와 다른 무엇이든, 모든 증거를 수집하고 목격자 진술을 확보하며 물적 증거를 찾아내 이를 국방성의 한 프로그램으로 집결시키라는 것이었습니다. 당시 수천 건의 보고서가 접수되었습니다.

그중 상당수는 먼저 KGB로 전달되었고 이어 수집 작업 이후에 시작된 또 다른 프로그램인 '쓰렛 쓰리threat Three'로 들어갔습니다. 우리는 위원회에 그들이 무엇을 시도했는지에 관한 문서를 제공했습니다. 본론을 말씀드리면 그들은 관측과 연구에서 얻은 정보를 이용, 그들만의 UFO를 만들어내려 했다고 합니다. 해당 프로그램을 지휘했던 보리스 소콜로프 대령은 그들의 목표가 UFO로부터 얻은 정보를 바탕으로 우리보다 우수한 기술을 개발하는 것이라고 제게 말했습니다.

루나: 넵, 시간 관계상 …

냅: 네.

루나: 위원회에 제출하고 싶은 자료가 더 있으십니까?

냅: 문서는 이미 제출했습니다.

루나: 재생해야 할 영상이 있으신가요? 보여주실 영상이 있습니까?

냅: 제가 재생할 건 없는 것 같습니다.

슈필버거: 예, 그건 알렉산드로 담당입니다.

냅: 그 동영상은 재생하셔도 됩니다. 알렉산드로가 해설할 겁니다.

루나: 좋습니다. 위원회 전체가 영상을 볼 수 있도록 지금 영상을 재생하겠습니다.

냅: 네.

[영상 재생 중 - 오디오 내용]

발언자 1: BVSS 팀이라고 합니다.

발언자 2: 20,008피트.

발언자 3: 함정은 아까 이륙했습니다.

루나: 잠깐만 오디오를 끄면 좋겠습니다. 위긴스와 냅, 그 영상이 무엇인지 잠시 뒤에 다시 다루겠습니다만 영상과 모든 문서들이 기록에 등재되었는지 확인하고 싶습니다. 해당 자료는 전국 모든 국민이 공개적으로 열람할 수 있게 될 것입니다.

그럼 이어서 진행하겠습니다. 냅, 이제 볼랜드의 모두발언으로 넘어가겠습니다.

볼랜드: 태스크포스 위원님, 안녕하십니까. 국민과 미국 대중을 위해 구성된 태스크포스에 증언할 기회를 주셔서 감사합니다. 미국 시민이자 참전용사 겸, 정보공동체 전문가로서 이 자리에 서게 되어 영광입니다. 제 발언은 개인의 입장일 뿐, 제가 과거에 소속되었던 어떤 기관이나 회사를 대변하는 것은 아닙니다.

제 이름은 딜런 볼랜드이며 미 공군에서 1N1(지리공간정보) 전문요원으로 2010년부터 2013년까지 복무했습니다. 이후 BAE 시스템즈와 인트레피드 솔루션즈에서 선임 분석관으로 근무하면서 영상과 레이더, 첨단 전자광학 영상 분석을 통해 공중 전력 및 해군·지상 전력 식별 전문가로 활동했습니다.

저는 연방 내부고발자로서 정보공동체 감찰관(ICIG)과 AARO에 직접 경험한 1차 지식을 바탕으로 증언했습니다. 우리 것이 아닌 기체와 기술이 의회의 감독 없이 운용되고 있다는 직접적 경험을 두고 하는 말입니다. UAP 프로그램에 대한 경험적인 지식 때문에 제 경력은 의도적으로 방해를 받았고 10년 넘게 정부 기관으로부터 지속적인 보복을 당해왔습니다.

2011년부터 2013년까지 저는 버지니아 랭글리 공군기지에 배치되어 특수작전부대의 글로벌 대테러 작전을 위해 유·무인 항공기로 24시간 작전을 수행했습니다.

2012년 여름, 저희 팀은 기상대기태세를 대비해 대기 중이었고 저는 기지 내 막사로 돌아갔습니다. 대략 01시 30분경, 기지의 NASA 격납고 근처에서 길이 약 100피트인 정삼각형 형태의 물체가 이륙하는 것을 보았습니다. 기체는 제 휴대폰에 간섭을 일으켰습니다. 당시 소음을 들리지 않았으며 물체는 유동적이거나 역동적인 성질로 보였습니다.

저는 그 삼각 기체 바로 아래에 몇 분간 있었습니다. 그것은 몇 초 만에 민간 제트기 고도까지 급상승했는데 이 과정에서도 어떠한 물리적 충격이나 소음이나 혹은 바람의 이동도 발생시키지 않았습니다.

그로부터 몇 해가 지난 뒤, 저는 특수접근프로그램(SAP)에서 맡았던 민감한 직책을 통해 미확인 이상현상UAP '레거시 추락 회수' 프로그램의 기밀 정보에도 추가로 접하게 되었습니다. 그 무렵 일부 정보 장교들은 자신의 경력이 위태로워질까 두려워하며 나를 찾아와, 해당 프로그램들 내부의 비위와 내가 그때 이미 겪고 있던 것과 유사한 보복성 조치에 대해 제보했습니다.

이를테면 재향군인관리청 직원이 저지른 의료 과실을 비롯하여 제가 미 공군 재복무 중 수행한 업무를 부정한 행위, 위조·조작된 고용 서류, 직장 내 괴롭힘(동료들에게 저와 이야기하지 말라고 지시한 사례 포함), 보안 승인을 제약·지연시키며 최종 박탈하여 정보공동체에서 일할 수 있는 자격을 차단한 일부 기관의 개입 등이 포함됩니다.

제가 당한 보복과, 프로그램과 관련된 지인에 대한 보복으로 2023년 3월 내부고발자가 되기로 결심했습니다. 저는 그들의 목숨을 우려해, 행정부 내에서 실제로 일어나고 있는 일의 진실을 선출된 의원 여러분에게 알리기 위해 할 수 있는 모든 일을 하기 위해 나섰습니다.

2023년 3월 말, 연방 공무원들의 제안으로 국가가 내게 요구하는 일이라 믿고 AARO와 회동하기로 했습니다. 그러나 당시 AARO가 대외적으로 발표하던 보고서가 사실을 왜곡하고 있다고 판단해 우려를 품고 있었다. 이런 이유로 미지의 기원을 가진 기술에 직접 접촉했던 현직 및 전직 연방 인사들을 보호하기 위해 '정보의 출처와 기법'에 관한 내용은 공유하지 않았습니다. 그들이 이미 겪은 고초에 더해 누군가가 추가적인 보복을 당하길 원치 않았기 때문입니다만 안타깝게도 직원 한 명이 곤란을 겪는 일이 생기고 말았습니다.

2023년 여름, 데이비드 그러쉬의 역사적인 폭로 이후 저는 2023년 8월 정보공동체 감찰관실(ICIG)에 출석해 조사를 받으라는 요청을 받았습니다. 접수 면담 초기부터(그 면담은 선서 하에 영상으로 기록됨) 분명했던 것은 그들의 목적은 제가 아는 바의 범위를 파악하는 데 있을 뿐, 제가 제공한 정보를 토대로 조사를 진행하려는 의도는 거의 없었다는 점입니다.

감찰관 조사의 여파는 지금까지도 저를 괴롭히고 있습니다. ICIG의 조사 이후 저는 이전에 맡았던 직무를 다시는 맡지 못하게 되었고, 여전히 정보공동체 내 특정 기관으로부터 블랙리스트가 되어 있음을 확인할 수 있었습니다. 더구나 여러 기관이 제가 감찰관실에 무엇을 털어놓았는지를 확인하려는 피싱성 공격을 시도했으며 2024년 11월까지도 ICIG 제보의 내용을 폭로하라거나 UFO/UAP와는 무관한 직책의 방첩 폴리그래프를 통해 이를 캐내려는 시도가 있었습니다.

오늘 이 자리에 앉아 있는 저는, 그리고 많은 내부고발자들은 직업에 대한 전망이 없는 데다 장래를 기대할 수도 없는 상황입니다. 우리가 방어하기 위해 나선 나라에서 말입니다. 수많은 이들이 애국자이자 국가의 수호자로서 이런 저런 방편으로 UAP의 진실을 드러내기 위해 몸소 나섰지만 많은 이들이 폐기처분되고 왕따가 되며 절망감에 빠진 탓에 자신이 수호하던 국가와 단절된 기분마저 들곤 합니다.

내부고발자가 처한 상황을 바로잡으려는 노력은 어렵고도 고통스러웠습니다. 정보를 알고 있는 내부고발 동료와 공직자들에게 심심한 사과를 전합니다. 개인적으로는 받아본 적이 없는 사과이지만 말입니다.

저는 미국 헌법을 두고 선서했습니다. 선서는 민주 공화국이 기능할 수 있도록 진실과 투명성을 요구합니다. 진실이 시민으로부터 숨겨져 있는 한, 인류는 국가가 수호하기 위해 세운 원칙으로부터 멀어질 것이며, 비밀을 유지하기 위해 기관과 기업이 저지른 범죄의 피해자들이 정의를 거부당하는 날이 더해질수록 헌법은 한 장씩 갈기갈기 찢길 것입니다.

2023년, 애국자들이 위원회와 행정부에 부인할 수 없는 UAP의 증거를 제공했습니다. 여러분의 지속적인 헌신에 경의를 표합니다. 인류의 미래는 이 기술의 활용 여부에 따라 우주로 나아갈 것인지, 아니면 석기시대로 퇴보할 것인지 결정될 것입니다.

제 업무는 의사결정자들에게 중대한 정보를 전달하는 것이었습니다. 여러분은 국민에 의해 선출된 대표로서 이를 실행할 책임이 있습니다. 바로 지금이 행동해야 할 때입니다. 감사합니다.

루나: 볼랜드, 나라를 위한 헌신에 감사드립니다. 또한 자신이 몸소 겪은 부당한 대우에 유감을 표하며 우리가 이런 상황을 바로잡기 위해 최선을 다할 것임을 약속드립니다.

볼랜드: 감사합니다, 의장님.

루나: 이제 슈필버거, 모두발언 부탁드립니다.

슈필버거: 루나 의장님, 크로켓 간사님, 그리고 태스크포스 위원님들, 오늘 이 자리에 증언할 기회를 주셔서 감사합니다. 특히 국가안보와 관련된 맥락에서 내부고발자 보호를 강화하는 문제의 중요성에 대해 말씀드리겠습니다.

저는 초당적이며 독립적 감시 기관인 '정부 감시 프로젝트(POGO)'의 선임 정책 고문으로 활동하고 있습니다. 저희 기관은 낭비와 부패, 권력 남용, 그리고 정부가 국민을 외면하거나 불법을 고발하는 사람들에 침묵을 강요하는 사건을 조사하고 폭로합니다.

내부고발자는 정부 내 낭비와 사기, 권력 남용, 부패를 근절하는 최전선에 서 있습니다. 의회는 내부고발자의 도움으로 감독

권과 입법권을 제대로 행사할 수 있습니다. 양당 대통령이 내부 고발자에 적대적인 태도를 보여온 것은 이해할 만합니다. 그들의 폭로는 대통령과 정당을 곤란하게 하거나 심지어는 국가적 스캔들로 이어질 수 있기 때문입니다.

그러나 민주당과 공화당 행정부 모두에서 내부고발자들은 중요한 역할을 계속 감당해 왔습니다. 그들은 의회와 대중이 정부 부패가 어떻게 나타나는지 파악, 이를 이해하도록 돕습니다. 그들의 폭로는 조사로 이어져 잘못을 바로잡고 책임 있는 자를 단죄할 수 있게 합니다. 그렇기 때문에 역사적으로 의회 내에서는 초당적으로 내부고발자를 지지하고 보호해 왔습니다. 그렇게 해야 나라가 보호되고 정부가 국민에게 더 책임 있게 대처할 수 있는 기관이 될 것입니다.

특히 국가안보가 달린 내부고발은 건국 시대로 거슬러 올라가는 전통입니다. 시간이 지나면서 국가안보 내부고발자와 그들의 폭로는 국민이 원하는 정부의 통치 방식뿐 아니라, 정부가 국민을 어떻게 더 잘 섬길 수 있는지에 관한 근본적인 쟁점에 영향을 미쳐 왔습니다. 이는 미국이 세계에서 감당하는 역할과 권력 주체들에 대한 책임과 정부 윤리와 투명성, 인권과 시민의 자유, 행정부의 권한, 수정헌법 제1조에 따른 언론과 표현, 반대의 자유, 그리고 대중의 알 권리와 이해에 직결된 문제들입니다.

그러나 이 귀중한 공적 서비스를 수행하는 데는 개인적으로 큰 위험을 동반합니다. 내부고발자는 직업과 경력, 생계, 명예를 잃을 위험을 감수해야 합니다. 그들은 보복성 조사와 소송, 심각한 형사 고발을 당하는가 하면 깊은 정신적·정서적·심리적 상처를 입을 수도 있습니다. 이 모든 위험을 감수하면서까지 그들은 진실을 말하고 각 기관이 본연의 임무를 수행하도록 하며 국민의 이익을 최대한 보장해왔습니다.

내부고발자에게 보복하는 자들은 단순히 법적 권리를 침해하는 데 그치지 않습니다. 그들은 정부에 실제적인 해를 끼치며 국민의 신뢰를 배반합니다. 내부고발자가 폭로한 부패를 다루지 않고 오히려 내부고발자를 겨냥하는 것은 기관의 자원을 낭비하고 부패를 그대로 방치하는 행위입니다. 이는 기관 전체를 위축시켜 두려움과 불신의 기류를 만들고 반대와 표현의 자유를 억누르며 향후 내부고발자들이 나서지 못하도록 억제할 수 있습니다.

내부고발자는 정작 옳은 일을 하기 위해 자신을 내던질 용기가 있는 만큼 우리가 가진 가장 헌신적이고 원칙 있는 공직자들이기도 합니다. 역사를 돌이켜볼 때 의회는 초당적으로 그들을 지지해 왔지만 유감스럽게도 내부고발은 점점 더 정치화되고 있으며 내부고발자를 향한 지원은 종종 어떤 정당이 집권해 있느냐, 그리고 폭로된 부정행위가 어떤 정당에 정치적 부담을 주느냐에 따라 좌우됩니다. 그러나 분명히 한 사실은 내부고발자 개인을 표적으로 삼는 것은 곧 내부고발 행위 자체를 약화시키는 위험을 초래한다는 점입니다.

정부 감시 프로젝트(POGO)는 의회 양당 의원들에게 개인이 아닌 증거에 집중할 것을 권고합니다. 정부가 국민에 최선을 다해 봉사하는 기관이 되려면 우리는 언제나 내부고발자를 필요로 할 것입니다. 양심과 정직과 바른 품성을 가진 이들이 두려움과 안일함 및 자기방어 때문에 침묵하고 부패가 닫힌 문 뒤에 썩도록 방치한다면 그것이 아마도 가장 위험한 사태일 것입니다. 우리가 정부의 투명성을 강화하고 대중의 신뢰를 회복하고자 한다면 우리는 진실에 헌신하는 공직자들이 꼭 필요합니다.

내부고발자들에게는 합법적으로 폭로할 수 있는 안전하고 효과적인 통로가 필요합니다. 보복에 대해서는 더 강력한 보호를 받아야 하고 보복을 당했을 때는 공정하게 회복할 기회를 보장받아야 합니다. 의회는 내부고발자 보호법을 제정해 진전을 이뤄왔고 이 법은 내부고발자들이 실제로 필요한 보호를 받을 수 있도록 수정·확대되어야 합니다. 보복한 자가 책임을 져야 국민이 마땅히 누려야 할 정부를 구현할 수 있을 것입니다. 우리는 의회가 모든 내부고발자의 권리와 보호를 지지해온 역사적 전통을 계속 이어가길 강력히 촉구합니다.

오늘 아침 이 자리에 초대해 주셔서 다시금 감사하다는 말씀을

드립니다. POGO는 이 중요한 문제를 다루기 위해 의회 및 감독 위원회와 협력할 것을 약속합니다. 질문을 기다리겠습니다.

루나: 감사합니다. 또한 이의가 없다면 오늘 청문회에서 증인들에게 질문할 수 있도록 다음 의원들을 태스크포스에 참여시키는 것을 허락합니다. 펜실베이니아의 페리 의원과 위스콘신의 그로스먼 의원, 그리고 애리조나의 빅스 의원도 참여하겠습니다. 이의가 없으므로 그렇게 하겠습니다.

Chapter 3
3장 질의응답 2

루나: 다섯 분에게 질의 기회를 넘기겠습니다. 제 동료인 모스코위츠 의원이 자리를 떠날 수도 있는데 지금 하시겠습니까? 알겠습니다. 볼랜드, 앞선 증언에 따르면 2012년 랭리 공군기지에서 대형 삼각형 기체를 목격했다고 말씀하셨습니다. 관찰하신 크기와 이동 양상, 그리고 왜 이게 기존의 기술이 아니라고 확신하는지 설명해 주시겠습니까?

볼랜드: 질문 감사합니다, 의장님. 저는 기지 내 막사에 있었고 밖에 작은 흡연구역이 있었습니다. 그곳에서 전화 통화를 하며 활주로를 바라보고 있었는데 흰색 빛이 돌연 나타나 약 100피트 (약 30미터) 상공에 멈추는 것을 보았습니다. 처음에는 기상 관측용 풍선인 줄 알았는데요 거기서 그런 실험을 본 적이 있기 때문에 놀라운 일은 아니었습니다. 평일 저녁이었고 평범한 일이었죠.

저는 흡연을 마치고 활주로 쪽으로 걸어가기 시작했습니다. 야간 근무를 석달 동안 했기 때문에 날씨로 업무가 중단된 밤에는 트랙을 걸어 다니곤 했습니다. 활주로와 트랙 쪽으로 걸어가자 그 빛이 기지를 가로질러 활주로 쪽으로 날아왔고 빛이 제 쪽으로 다가오자 삼각형이 그 빛 주변에 나타났습니다. 그게 능동적인 위장인지 빛 주위에 새로 생긴 것인지 단정할 수는 없지만 분명히 처음에는 흰 빛이었고 그 다음에는 삼각형 모양으로 나타났습니다.

그것은 약 100피트 앞, 제 정수리 위로 약 100피트 높이에서 멈췄습니다. 제 휴대폰은 극도로 뜨거워졌고 완전히 멈춰 버렸습니다. 두께가 얼마나 컸는지는 아직도 기억이 생생합니다. 건물 1~2층 정도 두께에 해당하는 정삼각형이었습니다. 그 꼭대기는 전혀 볼 수가 없었고 모서리 단면은 정확히 90도였습니다.

총 네 개의 빛이 있었고 각 모서리마다 하나씩, 그리고 중앙에는 코너 등보다 2~3배는 더 큰 빛이 발산되고 있었습니다. 정말 이상했던 것은 외관이었는데, 이해하기 쉽게 말하자면 제임스 웹 우주망원경 사진을 보는 것 같았습니다—색상이 있고 그 위에 검은 배경이 있는 형태죠. 기체는 검은 금속 입자가 섞인 도료로 칠해져 있는 것 같았지만 그 위로는 금빛 용암 같은 플라즈마로 일종의 유체가 기체를 감싸고 있었습니다.

저는 그 아래로 약 2~3분 정도 있었고 이때 중앙 조명은 23번 깜빡였습니다. 소리는 전혀 없었습니다. 그후 기체는 즉각 민간 제트기의 최소 고도까지 치솟았는데 순간 온몸에 정전기가 감도는 듯했습니다. 천둥번개가 친 뒤에 나는 냄새인가, 여름철의 강한 뇌우 같은 냄새가 났습니다.

비행 고도에 이르자 저는 휴대폰을 재부팅하려 애썼고 그 시점에는 중앙의 조명만 보였습니다. 제가 이륙하는 장면을 실제로 보지 못했다면 별이라고 생각했을 겁니다. 그후에는 상공에 떠서 천천히 동쪽 방향, 대서양 쪽으로 이동했습니다. 그제야 휴대폰이 정상적으로 작동하기 시작했습니다. 사건을 처음 겪은 순간부터 물체가 바다 위로 떠나기까지 총 소요 시간은 대략 15분 정도 됩니다.

루나: ICIG에 정보를 공개한 이후 피싱(phishing, 신뢰를 가장한 이메일·메시지·전화로 민감 정보 제출을 유도하거나(스피어 피싱), 공식 절차나 권한을 내세워 설문지를 보내거나 면담·검사(CI 폴리그래프 등)에서 상세 진술을 유도하는 행위—옮긴이) 시도와 직업적으로는 블랙리스트 대상이 되셨습니다. UAP 프로그램과 관련해 문제를 제기한 사람들에 대해 정보공동체 전반에서 이런 보복이 얼마나 광범위하다고 보십니까?

볼랜드: 답하기 어려운 질문이군요. 데이비드 그러쉬를 비롯한 인사들이 이 문제를 공론화하기 전에는—즉, 이 프로그램의 실체

와, 사람들이 목격한 내용을 알리기 전에는—아마 매우 광범위했을 것으로 생각합니다. 오늘날에도 여전히 문제가 있다고 봅니다만 사람들이 이 자리에 나와 발언하고 있기 때문에 어느 정도는 줄었다고 생각합니다. 다만 저는 다시 비공개·비밀주의로 되돌아간다면 상황은 아주 악화될 거라고 봅니다.

루나: 전 AARO 국장 션 커크패트릭과 그의 직원, 그리고 볼랜드가 그들에게 제공한 정보와 관련해 어떤 조치를 경험하셨습니까? 그들이 이 정보를 비인간 기술로 분류하려한 적이 있습니까?

볼랜드: 좋은 질문입니다. 문제의 핵심은 이겁니다. 저는 제가 직접 겪은 일 외의 사실도 알고 있습니다. 2023년 3월에 만난 AARO 직원들은 지시받은 일을 성실히 수행하는 괜찮은 사람들이라고 생각합니다. 다만 당시 커크패트릭 박사와는 만나지 못했습니다. 그날 자리에 없었거나, 저와 만나길 원치 않았던 것으로 보입니다. 그럼에도 그들은 이 사안의 현실성과 관련된 일부 정보를 기밀로 분류했습니다. 특히 우려스러웠던 건 제 AARO 면담 기록 MFR에 제가 AARO에 가보라고 했던 전직 직원이 실명으로 적혀 있다는 점입니다. 그건 밝히지 말았어야 했습니다.

루나: 시간 관계상 두 번째 질의응답으로 갈 수도 있는데, 지금까지 목격한 것과 경험한 것을 돌이켜볼 때, 2025년의 UAP 공개 법안은 국민에 대한 책임성과 신뢰 회복에 얼마나 중요하다

고 보십니까?

볼랜드: 매우 중요하다고 봅니다. 다만 개인적 의견으로 7년이라는 기한은 줄여졌으면 합니다. 진실이 알려져야 한다는 점은 분명히 중요합니다.

루나: 감사합니다. 이제 플로리다의 재러드 모스코위츠 의원의 발언을 듣겠습니다.

모스코위츠: 감사합니다, 의장님. 위원회에 참여할 수 있게 해 주셔서 감사합니다. 지난 위원회 때도 여러 전직 군인들이 출석해 기지에서 복무했거나 조종사로 활동했거나 혹은 다양한 프로그램에서 관련 지식을 가진 분들이 있었던 것으로 기억합니다. 그때 저는 담론이 어떻게 바뀌었는지 깨달았습니다. 정부 입장에서는, 여러분이 정장 차림의 전직 군인이 아니라 레저 차량을 몰고 모자를 쓰고 나타났다면 정치적 상황이나 여론 관리가 더 수월했을 것입니다. 그래서 이야기를 전달하는 방식, 즉 메시지가 어떻게 들리며 누가 전달자인지가 미국 국민에게는 중요합니다.

전직 군인으로서 흠잡을 데 없는 경력을 가진 분들이 이곳에 여러 번 나온 것은 이번이 두서 번째인 것 같습니다. 초당적 차원에서 우리는 내부고발자를 보호해야 한다는 점은 분명합니다. 의심의 여지가 없습니다. 우리는 정치적으로 무엇이 진실인지 가리기 힘든 시대에 살고 있습니다. 해당 주제의 진위를 제가 전부 아는 것은 아니지만 우리가 속임을 당하고 있다는 사실은 알고 있습니다. 저들은 분명 거짓말을 하고 있습니다.

위긴스 수석께 질문드리겠습니다. 당신의 경력과 증언은 매우 설득력 있습니다. 처음 목격했을 때 가장 먼저 든 생각은 무엇이었습니까?

위긴스: 첫 생각은 어릴 때부터 들은 것과 배운 모든 것이 더 이상 적용되지 않는 것 같다는 점이었습니다. 그렇게 중력을 거스르는 무언가를 본다면 다른 차원의 어떤 것도 가능할지 모른다는 생각이 들었습니다. 그것이 첫 생각이었습니다.

모스코위츠: 당시 목격한 것이 자신은 모르는 무기 프로그램이라고 생각하셨나요? 아니면 분명 외계 기술의 일부라고 보셨나요?

위긴스: 제 머릿속에는 둘 중 어느 것도 아니었습니다.

모스코위츠: 지금은 어떻게 생각하십니까? 지금은 무엇이라고 보십니까?

위긴스: 저는 전문가가 아닙니다. 저도 다른 사람처럼 가능한 한 회의적으로 접근하고 단지 정보를 알고 싶을 뿐입니다.

모스코위츠: 미 정부의 어떤 인사가 당신이 본 것을 부정하거나 다른 것으로 설명하려고 한 적은 없었나요?

위긴스: 없습니다.

모스코위츠: 그 누구도 "그건 기술 오작동의 결과"라거나 하는 식으로 설득한 적은 없다는 말씀이신가요?

위긴스: 아무도 없었습니다.

모스코위츠: 경험을 보고하거나 공개했을 때 어떤 대우를 받았나요? 틱톡에 올라간 영상도 널리 알려져 있는데요 어떤 처우를 받으셨습니까?

위긴스: 반발은 없었습니다. 저에게 연락해 설득하려 든 사람도 없었고 오히려 군에서는 저를 공평하게 대했습니다. 여기서 증언할 수 있도록 도와준 해군 측에 대해 감사하게 생각합니다.

모스코위츠: 그렇다면 국민들이 영상을 보고 어떤 점을 깨달아야 한다고 생각하십니까? 그것은 분명 지금까지 본 적이 없는 것이고, 우리가 익히 아는 기술적 개연성을 뛰어넘는 겁니다. 그렇다면 우리는 이를 어떻게 받아들여야 할까요? 누군가는 거짓말을 하고 있고, 누군가는 무언가를 숨기고 있다는 거 아닙니까? 당신이 본 건 정상적인 게 아니잖습니까.

위긴스: 미국 국민들이 영상을 보면서, 앞선 목격자들의 증언과 아울러 깨달아야 할 점은 분명 우리 외에 무언가가 존재하며 국민은 그것이 무엇인지 알 권리가 있다는 것입니다.

모스코위츠: 그렇다면 가능성을 좀 정리해 보겠습니다. 정부 측에서 당신에게 "그건 기술적 오류였다"라고 설명한 적은 없었죠. 그렇다면 그 가능성은 배제할 수 있습니다. 영상은 분명 무언가를 보여줍니다. 그렇다면 경우의 수는 두 가지뿐입니다. 우리 정부나 다른 정부가 역설계한 무기 프로그램이거나, 아니면 어느 정부의 것도 아니고 지구에서 만든 것이 아니라는 이야기일 겁니다. 둘 중 하나입니다. 동의하십니까?

위긴스: 네, 동의합니다. 둘 중 하나라고 봅니다.

모스코위츠: 볼랜드, 그것을 처음 목격했을 때 그 다음에는 무엇을 했습니까? 해당 물체가 지나가고 난 뒤, 당신은 어떤 반응을 보였습니까?

볼랜드: 저는 피식 웃으면서 "이런 것도 존재하는군"이라고 중얼댔습니다. 여러 프로그램에서 근무하며 충분히 접해 본 경험이 있었기에 "그래, 이건 실제로 존재하는 것"이라 받아들였습니다. 이후 저는 트랙을 걸으면서 몇몇 친구와 이야기를 나눴습니다. 동료와도 이야기했는데, 특히 한 명은 제가 농담하는 줄 알았지만

농담은 전혀 아니었죠. 그는 대뜸 "누구에게도 절대 말하지 않는 게 좋겠다"라더군요. 결국 불이익이 닥치고 말았습니다.

모스코위츠: 성함은 어떻게 발음하나요?

누체텔리: 누체텔리(Nuccetelli)입니다.

모스코위츠: 누체텔리. 알겠습니다. 죄송합니다, 제 시간이 거의 다 돼 가는군요. 분명 사건은 휴대폰으로 기록할 수 있던 시기보다 훨씬 전 일이죠? 기지 상공에서 벌어진 사건을 경험했다고 하셨는데요 처음 목격했을 때는 무엇을 하셨습니까? 그 뒤의 조치는 무엇이었는지 당시 경험을 직접 듣고 싶군요.

누체텔리: 해당 물체가 떠난 뒤에는 집으로 들어가 납치된 사람은 없었는지 확인했고, 유무선으로 보안부대 지휘센터에 신고했습니다. 답신을 달라고 요청하고는 지휘계통에 통보해 달라고 했습니다. 그러자 약 15분 뒤에 전화가 왔습니다. 기상대에서는 풍선이나 항공기, 레이더 상의 물체, 혹은 출입 항공기가 전혀 없었다는 보고를 받았습니다. 통보를 받고 난 다음 하루나 이틀 후 저와 다른 목격자들은 진술서를 작성했습니다. 보고서를 준비해 모든 정보를 제출했습니다.

모스코위츠: 의장님, 질의 시간을 허락해 주신 것과 아울러 청문회 진행 또한 감사드립니다. 당신과 동료들은 이 사건을 어떻게

생각하십니까? 모두가 사건에 대해 이야기를 나누셨을 텐데요. 다들 어떻게 보고 계신가요? 마지막 질문입니다, 의장님.

누체텔리: 이 문제를 20년 넘게 거론해 왔습니다. 우리가 본 것이 무엇인지는 모릅니다만 그것은 우리의 삶과 사고방식을 바꾸어 놓았습니다. 그건 엄청나게 심오한 경험이었습니다. 제가 본 물체는—물체라고 불러도 될지 모르겠습니다만—빛이었고 구체였으며 기체처럼 보이지는 않았고 고체(물체)처럼 보였습니다.

우리가 주로 이야기하는 지점이 그것입니다. 우리는 그 물체를 감지했습니다. 목격 사례를 보면 모두가 일정한 패턴이 있었습니다. **누군가 빛을 보고 주의를 집중하면 그 물체가 반응했다는 것입니다.** 목격자를 의식하듯 이동하며 하강해서는 우리를 조사하는 것 같았습니다. 마치 호기심을 보이는 것처럼요. 그래서 우리가 주로 이야기하는 것은 '왜 우리가 그것을 감지했을 때 그것이 우리를 향해 오느냐'입니다. 어쩌면 우리가 그것을 목격한 후에 그게 우리를 알아차린 걸지도 모르죠.

루나: 이제 메이스 의원님에게 5분 드리겠습니다.

메이스: 감사합니다, 의장님. 오늘 참석해주신 증인들께 감사드립니다. 볼랜드, 먼저 질문드리겠습니다. 정삼각 기체를 보셨을 때 이를 본 다른 목격자도 있었습니까?

볼랜드: 제가 알기로는 없었습니다. 그 시각 깨어 있었을 사람은 대테러(GWOT, Global War on Terror) 작전을 수행하던 우리와 보안부대 뿐이었습니다. 제가 알기로는 다른 목격자는 없었습니다.

메이스: 삼각 기체가 미국 정부의 기술이라고 보십니까? 개인적으로 어떻게 생각하세요?

볼랜드: 한때는 그렇다고 생각했습니다만, 지금 아는 지식을 고려하면 비공개 자리에서 답해야 할 것 같습니다.

메이스: 방금 살짝 단서를 남기셨네요. "지금 알고 있다"는 건 무슨 의미인가요?

볼랜드: 저는 알지만 여기서는 말할 수 없으니 그 질문에 대한 답을 원하시면 AARO에 가보십시오. 그들이 답을 알고 있습니다.

메이스: 외국 정부의 소행이라고 보십니까?

볼랜드: 저는 아니라고 봅니다.

메이스: AARO는 공개하기로 되어 있지 않습니까? 제가 마지막으로 AARO와 함께 SCIF(기밀 정보를 다루는 보안 시설)에 있었을 때 그들은 정보를 공개할 거라고 밝혔습니다. 공개를 많이 해왔나요?

볼랜드: 그건 제가 답할 수 있는 문제가 아닙니다. AARO가 공개적으로 보고하는 내용은 알지만 제가 겪은 것과는 별개입니다.

메이스: 일부는 설명이 가능하다고 생각합니다. 기상 관측용 풍선이 좀 이상하게 보이거나 드론이 각도나 속도에 따라 달라 보일 수 있죠. 본인의 안전이 걱정되십니까?

볼랜드: 복잡한 질문이군요. 오늘 이 자리에 서 있는 지금, 제가 잘못된 말을 한다면 엄밀히는 스파이 혐의로 기소될 수 있습니다. 스파이는 사형에 처해질 수 있는 범죄죠. 내부고발자들이 그런 처벌을 받아온 사례가 있습니다. 이를테면 존 키리아쿠 같은 사례가 꼽힙니다.

어떤 기관이나 업체가 저를 죽이러 올까봐 신체적 안전이 두렵다는 건 아닙니다. 현재 저는 직장이 없습니다. 경력은 훼손될 대로 훼손되어 실업자 신세가 된 겁니다. 앞으로 3~4주 동안 실업급여로 생활하다가 그것마저 끊기면 그걸로 끝입니다. 그래서 복잡한 질문이라는 겁니다.

메이스: 당신을 깎아내리려는 목적으로 당신에 얽힌 사연이 유출된 적이 있습니까?

볼랜드: 지금 시점까지는 잘 모르겠습니다. 지금까지는 …

메이스: 저들이 그런 짓을 그러쉬에게 했다는 건 알고 있습니다.

볼랜드: 알고 있습니다. 네, 의원님.

메이스: 그들에게 의료 기록과 사적인 의료 정보가 유출되었죠. 끔찍한 일입니다.

볼랜드: 그렇습니다.

메이스: 아까 증언에서 다른 정보를 안다고 하셨는데요 그건 민감정보 격리시설SCIF에서 언급해야 한다는 말씀이죠.

볼랜드: 그렇습니다. 다만 제가 법적으로 말할 수 있는가와, 그 현장에 있는 사람들이 법적으로 들을 수 있는지는 별개의 문제입니다.

메이스: 그러려면 우리가 구획화된 코드명, 즉 프로그램의 명칭을 알아야 하지 않습니까? 들어보지도 못한 단어를 알아야 접근할 수 있는 거죠? 요청하려면 그걸 알아내야 하지 않겠습니까?

볼랜드: 제 말씀은 …

메이스: 코드명을 알아야 한다는 말이죠?

볼랜드: 그게 무엇인지 제가 답해 드릴 수는 없습니다. DNI의 개

버드 국장과 조율하시면 되지 않을까 싶습니다.

메이스: 그게 미국 정부의 처리 방식 아니겠습니까? 정보를 구획화해서 일부 사람만 프로그램 코드명을 알고, 이를 모르면 정보를 얻을 수 없게 만드는 것이죠. 우리가 예산을 검토할 때도 SCIF에 들어가 국방부 예산과 블랙박스 프로그램 예산은 보지만 그게 구체적으로 무엇인지는 알 수가 없습니다. 프로그램이 뭔지 모르니 무엇을 요구해야 하는지조차 모르는 거죠. 정부가 의회에 실제로 무슨 일을 벌이고 있는지, 돈은 어디로 가는지를 숨기는 방법이 될 수 있지 않습니까?

볼랜드: 제 생각에는, 전적으로 동의합니다. 네.

메이스: 아까 증언 중, 정부 측과 이야기할 때 그들이 동료분의 이름을 적시했다고 하셨는데 그의 이름을 밝히지 말았어야 했다고 하셨죠. 그게 무슨 뜻인가요?

볼랜드: 상원의원 보좌진 중 한 분이 저를 AARO에 연결해 주셨습니다. 제가 AARO 연락처를 도저히 찾을 수 없었을 때 그분이 이메일 주소와 전화번호를 알려주셨는데요, 실제로 AARO는 한동안 웹사이트조차 없었다는 걸 여러분도 언급하신 적이 있는 걸로 기억합니다.

메이스: AARO는 본디 공개를 하겠다고 들었습니다. 이미 반박이 성립된 이슈는 무엇이며—그중엔 실제로 반박이 가능한 것도 있으니까요—아직 반박하지 못한 이슈는 무엇인지, 둘 다요. 하지만 제가 알기로는 여태 공개는 하지 않았습니다. 남은 시간이 1분뿐이라 간단히 묻겠습니다. 냅, 여러분이 만든 다큐멘터리는 전부 챙겨 보겠습니다. 당신과 제러미가 훌륭한 일을 해 오셨죠. 저는 보통 답변보다 질문이 더 많은 편인데, 우리 모두 그렇지 않나 싶습니다. 여러분은 대중에 정보를 알리는 데 크게 기여하고 있습니다. 끝으로 묻겠습니다. 이 모든 것이 미 정부의 심리전이라고 생각하십니까?

냅: 그럴 가능성은 있습니다. 미국 정부와 다른 정부들이 비밀 프로젝트를 감추기 위해 UFO 이야기를 활용하려 했다고 인정한 바도 있고, 그런 주장을 역으로 꾸미려는 시도도 분명 있다고 봅니다. 이를테면, 사람들이 51구역 상공에서 UFO를 목격한 지 수년이 흐른 뒤에 정부 측에서 "아, 그건 우리가 흘린 이야기였다"라고 지어내는 식으로 말이죠. 며칠 전 주요 신문에서 읽었는데 저들은 이를 꾸며낸 이야기라고 합디다. 어느 공군 대령이 사막으로 나가 레이첼이라는 동네 바에 가서 가짜 UFO 사진을 건넸고 그게 51구역 괴담이 시작된 계기라는 것이죠. 말도 안 되는 소리입니다.

메이스: 네. 아직도 회수 프로그램 이야기는 못했는데, 의장님.

할 이야기가 너무 많네요. 오늘 시간 내주셔서 정말 감사합니다. 시간이 더 있었으면 좋았을 텐데요. 감사합니다, 의장님.

루나: 이제 크로켓 의원님께 5분을 드리겠습니다.

크로켓: 감사합니다, 의장님. 그리고 오늘 이 자리에 참석해주신 모든 증인분들께 감사드립니다. 연방정부는 일반적으로 과도한 기밀 분류 문제를 오랫동안 안고 있었습니다. 우리는 마틴 루터 킹과 말콤X 암살, 코인텔프로(FBI가 1956~1971년 사이 수행한 비밀 공작 프로그램) 및 고문 프로그램부터 지금의 UAP 문제에 이르기까지 그 사실을 잘 알고 있습니다. 연방정부는 국민의 막대한 관심사에 대해 대중을 계속 비밀 속에 방치해 두었습니다. 저조한 투명성에 대해 흔히 둘러대는 변명은 국가안보의 우려였죠.

슈필버거, 국가안보를 부적절하게 기밀 분류의 구실로 쓴 대표적인 사례를 하나 들어 주시겠습니까?

슈필버거: 의원님, 가장 악명 높은 사례는 9/11 위원회의 결론일 것입니다. 해당 보고서는 과도한 기밀 분류가 당시 공격을 예방하지 못한 주요 원인 중 하나였다고 지적했습니다.

크로켓: 그외에도 과거의 실패 사례에서 얻은 교훈을 바탕으로 의회는 UAP를 어떻게 감독해야 할까요?

슈필버거: 일반적으로, 우리는 의회가 각 기관으로 하여금 즉각적인 기밀 분류 대신 공개 쪽으로 정책을 수립하면 좋겠습니다. 정보가 기밀로 분류되거나 민감하다고 판단될 때는 정당한 국가안보와 프라이버시 우려에 한정되어야 합니다. 또한 비용 대비 가치 같은 추가적 요인을 포함시키고, 특히 공익과 대중의 알 권리 측면에서 필수적이라면 공개 비중을 높일 것을 권합니다. 이는 매우 심각한 국가안보적 우려나 의미를 다룰 때도 중요한 이슈입니다.

크로켓: 내부고발자들은 다른 분야에서 의회가 진실을 밝혀내는 데 어떻게 기여해 왔으며, 그것이 이 사안에는 어떻게 적용될 수 있는지 설명해 주시겠습니까?

슈필버거: 물론입니다. 의회는 다양한 분야에서 내부고발자들의 제보에 의존해 왔습니다. 국가안보부터 항공안전, 철도안전, 환경문제, 직장 내 보건안전, 그리고 코로나 팬데믹 같은 문제까지, 내부고발자들은 거의 모든 중요한 이슈에서 핵심적인 정보를 폭로해 왔습니다. 이들의 폭로는 정부와 국민에게 영향을 미치는 문제를 드러내고 우리의 권리와 안전 및 생활방식 전반에 중대한 영향을 미칩니다.

크로켓: 내부고발자들이 UAP 관련 제보나, 정부 과도한 기밀과 관련된 것을 제보할 때 강력한 보호 장치를 갖는 것은 얼마나

중요하다고 생각하십니까?

슈필버거: 절대적으로 중요합니다. 내부고발자 보호 강화를 위해 노력해 온 과정에서 보호 장치가 가장 실망스러운 대목 중 하나입니다. 용감한 내부고발자들이 나서서 공익에 기여하는 가치는 이루 헤아릴 수 없습니다. 오늘 우리가 들은 것처럼, 그들은 단지 진실을 말하고 중요한 정보를 국민에게 알리기 위해 온갖 위험을 감수해 왔습니다. 하지만 앞으로도 그렇게 하려면 안전하고 확실한 제보 채널이 있어야 합니다. 감찰관실(Inspectors General)이나 특별검사실(Office of Special Counsel), 혹은 인사보호위원회(Merit Systems Protection Board) 같은 기관 감시기구들의 독립성에 대한 신뢰가 있어야 합니다. 이들은 내부고발자의 제보를 조사하고 보호를 집행하는 데 핵심적인 역할을 하는데요, 이 모든 것이 갖춰져야 내부고발자들이 계속 나서서 엄청나게 중요한 공익을 수행할 수 있을 것입니다.

크로켓: 감사합니다. 제가 이 자리에서 꼭 말씀드리고 싶은 것은, 국민들은 의회를 볼 때—특히 지금—우리가 단합하지 못한다고 생각한다는 점입니다. 우리가 협력할 수 없다고 느끼죠. 하지만 이번만큼은 의장님과 위원회의 노력을 칭찬하고 싶습니다. 우리는 드물게 '투명성'을 중심으로 의정 활동을 하고 있습니다. 투명성이 부족하면 더 큰 해를 끼치게 됩니다. 음모론이 자라날 공간만 만들어질 뿐이고 정작 필요한 투자는 이루어지지 않으며

국민에게 정보를 제공하지 못하게 됩니다.

제가 내부고발자 보호 문제에 주안점을 두고 싶은 이유가 있습니다. 정부가 모두를 위해 제대로 기능하기 위해서는 연방 정부 어느 기관이든, 누군가가 정보를 제보할 때 불안을 느껴선 안 되기 때문입니다. 그래서 저는 오늘 용기를 내주신 여러분 모두에게 감사드리고 나라의 일꾼이 되어 주신 데 대해 감사할 따름입니다.

현실적으로 질의 시간이 5분밖에 안 되기 때문에 여러분이 하실 말씀 대부분을 담아내기란 어렵습니다. 하지만 동료 의원들이라면 시의적절한 질문을 이어가 주시리라 믿습니다. 다시 한번 여러분의 용기에 감사드립니다.

루나: 이제 테네시주의 버쳇 의원님께 5분 드리겠습니다.

버쳇: 감사합니다, 의장님. 크로켓 간사님 고맙습니다. 오늘 여기에는 많은 친구들이 보이지만 적도 군데군데 보이네요. 기억해 두겠습니다. 물론 저는 이 자리가 정말 좋습니다.

여러분께 꼭 말씀드리고 싶은 점은 이 문제는 단기간에 끝날 수 있는 일이 아니라는 겁니다. 우리는 하룻밤새 답을 얻을 수 없습니다. 일부는 30년, 어쩌면 그 이상을 싸워왔을 겁니다. 우리가 집중해야 할 대목은 '완전한 공개'입니다. 정부가 뭔가를 갖고 있으니 이를 우리에게 공개해야 합니다. 우리는 세금으로 저들의 주머니를 채워주고 있습니다. 여러분도 우리 급여를 내고 있죠. 그렇다면 우리에게서 더 많은 것을 돌려받아야 하는데 지금 상황은 그렇지가 않습니다. 저는 그게 가장 답답합니다.

솔직히 그들은 시간을 끌고 있다고 생각합니다. 우리를 조금씩 찔러보고 농담을 던지며 목표에서 벗어나게 하려 합니다. 하지만 우리는 우리가 어디에 있는지 압니다. 그들이 우리를 공격하는 이유는 우리가 바로 목표 위에 있기 때문입니다.

제 첫 번째 질문은 냅에게 드리겠습니다. 저는 최근 'UAP 내부고발자 보호법'을 발의했습니다. 이는 연방 인력이 UFO—저는 여전히 UAP라고 부르기 싫습니다—조사를 위해 연방 세금이 사용되는 것을 공개할 때 보호받을 수 있도록 하기 위한 법입니다. 의회가 내부고발자 보호를 더 강화하기 위해 무엇을 할 수 있을까요?

냅: 제 생각에는 추적견을 풀어 돈을 추적하고 어디로 가는지 밝혀내야 합니다. 버쳇 의원님도 아시다시피, 이것 중 상당수가 정부 밖으로 옮겨졌습니다. 민간 계약업체들에게 넘어갔고 그들이 이를 감춰버렸습니다. 그들이 너무 오랫동안 보유하고 있다 보니 정부 내부에도 그게 어디 있는지 아는 사람이 아무도 없거나 있어도 극소수입니다.

버쳇: 그걸로 FOIA(정보공개법)로부터도 차단하는 거죠, 맞습니까?

냅: 그렇습니다. 정보공개법으로부터 막기 위한 겁니다. 제 생각에는 아주 오랫동안 이를 보유해온 계약업체들이 누가 무엇을 알 수 있는지에 대한 자체 기준을 정해놓은 것 같습니다. 그 벽을 뚫는 사람은 극소수에 불과합니다. 루나 의원님께서 정보를 숨기기 위한 기밀 분류 사용에 대해 조사하고 계신 걸로 알고 있습니다. 이 위원회가 이런 자료들을 볼 수 있어야 하는 보안 인가를 받는다 해도 실제로 어디로 가는지 추적할 수 있을지는 확신할 수 없습니다.

버쳇: 심지어 그걸 보는 사람들조차도 자신들이 무엇을 보고 있는지 모를까 걱정입니다. 오래전 사건들, 이를테면 로스웰 이후로도 그때 관련된 사람들 중 살아있는 사람이 거의 없는 것 아닙니까?

냅: 네. 제가 만난 사람들로는 그 기술을 배우는 데 큰 진전이 있었다고 보지 않습니다. 약간의 진전은 있었을지는 모르겠지만요. 이런 의문이 듭니다. '틱택' 사건을 우리가 가진 기술이라고 단정할 수 있는가? 1952년 워싱턴 DC 상공을 날았던 게 우리 것인가? 진짜 기밀 프로젝트라 세계를 바꿀 수 있는 것이라면 언제 그걸 공개하겠는가? 저는 그들이 큰 진전을 이루지 못했다 생각하고 여러분과 전 세계를 상대로 계속 거짓말을 해왔

다고 봅니다.

버쳇: 네, 동의합니다. 그렇다면 어떻게 러시아의 기밀 문서를 확보해 이를 미국으로 가져올 수 있었습니까?

냅: 당시 미국에 강연하러 온 러시아 물리학자를 만났습니다.

버쳇: 좀더 부연하자면 저는 비행기를 타고 테네시로 돌아갈 때 꿀 한 병도 못 가져갑니다.

냅: 네, 저도 무모한 짓을 좀 했습니다.

버쳇: 그 때문에 화가 나긴 합니다만, 계속하시죠.

냅: 꽤 무모한 짓을 했습니다. 그 당시 글라스노스트와 페레스트로이카 시기에 러시아가 세계에 문호를 개방하려 할 때 관계자들을 만났습니다. 저는 그것을 기회로 봤고 실제로도 그랬습니다. 우리는 그들을 설득해서 평소라면 절대 볼 수 없었을 정보들을 제공받을 수 있었는데, 그중 일부는 기밀 자료였습니다. 알고 보니 그들은 기밀 문서의 맨 위 페이지에만 도장을 찍더군요. 저는 그 페이지를 떼어내서 갖고 나왔습니다. 붙잡혔다면 아직도 굴라크(소련 시대의 강제 노동 수용소)에 있었을 겁니다.

버쳇: 네, 그랬다면 우리가 "조지 냅이 무슨 변이라도 당한 걸

까?"라며 의문을 품었겠죠. 아, 1993년에 당신에게 정보를 제공했던 러시아인들은 어떻게 됐나요? 그들에게 어떤 불이익이 있었나요?

냅: 있었습니다. 제가 돌아와서 자료를 정리하고 이를 방송이나 기사로 내보내자 저를 도와준 러시아 물리학자는 엄청난 파문이 일었다고 하더군요. 소련의 복원을 원하는 극우 독재 세력이 이 사람들을 정말 맹공격했다는 겁니다. 그들을 반역자로 취급했죠. 제 친구인 물리학자 니콜라이 카프라노프는 이렇게 말했습니다. "이게 5년 전에 일어났다면 우리는 감옥에 있었을 겁니다. 10년 전이었다면 총살을 당했을 거예요." 다행히 그때는 푸틴이 집권하기 전이었습니다. 하지만 1993년 그때 우리가 만났던 사람 중 누구도 다시는 저와 이야기하지 않았습니다. 1996년에 다시 갔을 때는 제가 전염병이라도 걸린 것처럼 환자 취급을 받았고요. 다른 사람들과는 이야기했지만 그들은 겁에 질려 있었습니다.

결국 사실은 왜곡되어, 우리에게 정보를 제공했던 국방부 관계자들은 UFO 연구가로 둔갑했고 이 파일에는 실제로 중요한 것이 없다고 말했다는 식이 되고 말았습니다. 별로 대단한 걸 발견하지 못했다는 거죠. 하지만 제가 여러분과 공유한 그 파일을 보시면 알겠지만, 그들은 뭔가를 발견했습니다. 1982년 10월에 ICBM 기지 상공에서 사건이 있었는데 UFO들이 나타나 미국을 겨냥한 미사일이 있는 기지 상공에서 목격되었습니다. 이 UFO들은 믿을 수 없는 기동 양상을 보였습니다. 분리되었다가 다시 합쳐지고 나타났다 사라졌다 했습니다. 네 시간 정도 지나자 ICBM의 발사 통제 코드가 켜졌습니다.

어떤 존재가 정확한 코드를 입력했고 미사일들이 발사 준비 상태로 가동됐는데 이를 해제할 수가 없었습니다. 러시아 장교들은 공황 상태에 빠졌습니다. UFO가 사라지자 발사 통제 시스템은 정상으로 돌아왔습니다. 소콜로프 대령과 그의 팀이 출동해 장비를 분해해 봤지만 원인을 알아내지는 못했습니다. 전기적 과부하나 EMP처럼, 우리나라에서 비슷한 사건에 대해 내세운 변명으로는 설명이 되지 않았습니다.

그들은 이를 UFO가 온 곳에서 보낸 '메시지'라고 생각했습니다. 그건 정말 소름 끼치는 일입니다. 우리로서는 몇 초 차이로 제3차 세계대전이 시작될 뻔한 상황이었고 원인은 UFO에 있었죠.

버쳇: 알겠습니다. 시간이 없네요. 그럼 속히 묻겠습니다. 이 자료를 보관하고 있는 계약업체들은 어떤 기업입니까?

냅: 그중 하나가 록히드입니다. 제가 록히드를 악덕 업체라고 말하려는 건 아닙니다. 그들은 요청받은 일을 해왔고 때로는 거짓말도 해왔습니다. 그걸 요구했기 때문일 겁니다. 록히드가 그중

하나입니다. 의원님께 드릴 수 있는, 일반적으로 거론되는 일부 대형 방산업체 목록은 이미 확보했습니다.

버쳇: 알겠습니다. 감사합니다. 의장님, 시간을 초과해서 죄송합니다.

루나: 괜찮습니다.

버쳇: 전적으로 조지 냅 탓입니다.

루나: 이제 보버트 의원님께 5분 드리겠습니다.

보버트: 감사합니다, 의장님. 위긴스 수석님, 귀하의 훈련과 작전 경험에 비추어 볼 때 당신이 목격한 기동성, 이를테면 소리 없이 사라지는 매체전환 물체가 우리나라나 다른 국가들이 보유한 기술로 설명될 수 있을까요?

위긴스: 아닙니다. 설명할 수 없습니다.

보버트: 미 정부의 어떤 기관이 당신이나 혹은 현장에 있었던 승조원들을 전자광학·적외선 및 레이더로 확인된 UAP와 관련해 브리핑한 적이 있나요?

위긴스: 아무도 그런 적은 없습니다. 의원님.

보버트: 해당 사건을 상급자에게 보고했을 때의 상황을 간단히 요약해 주시겠습니까? 보고를 했는데 어떤 후속조치도 받지 못했을 때 누구에게 보고했고, 어떤 기분이 들었습니까?

위긴스: 사건 발생 자체를 말씀하시는 건가요, 아니면 보고 절차를 말씀하시는 건가요?

보버트: 둘 다요. 간단히요.

위긴스: 사건이 발생했을 때 저의 임무는 당직 전술행동장교에게 보고하는 것이었습니다. 그분께 보고했고 그날 이후로 그 이상 논의된 적은 없습니다. 군 내부에서 저에게 추가 연락이나 요청이 온 적도 없습니다.

실제 사건과 관련해 말씀드리자면 전술행동장교에게 보고서가 전달된 이후 저는 사파이어 시스템을 운용하던 감시병에게 해당 위치로 카메라를 조준해 달라고 요청했습니다. 영상은 감시병이 카메라를 조준해서 찍은 장면입니다. 제가 아는 한, 그외의 보고는 없었습니다.

보버트: 감사합니다, 수석님. 시간 관계상 누체텔리에게 묻겠습니다. AARO나 공군, 혹은 FBI가 레드 스퀘어 사건과 관련해 개인적으로 후속 연락을 한 적이 있습니까?

누체텔리: AARO로부터는 후속 연락을 받았습니다만 공군은 없었습니다. AARO 사무실에서 최소 두 차례 정도 진행 상황을 알려왔습니다. 그들은 기록을 찾을 수 없었고 공군이 기록을 파기했다고 통보했습니다. 공군은 모든 사건·사고 보고서를 3년 주기로 파기한다고 합니다.

보버트: 그 문서들이 파기되었다고 통보받으신 건가요?

누체텔리: 네. 공군으로부터 받은 정보공개법 회신에 공군이 3년 주기로 모든 사건·사고 보고서를 파기한다는 내용이 분명히 명시되어 있습니다.

보버트: 즉, 문서들이 있었지만 파기했고 수사 책임자나 주요 수사관에 대한 추가 질의는 거부했다는 말입니까?

누체텔리: 네, 기본적으로 모든 기록을 파기했습니다. 때문에 해당 시기 내에 차량 사고가 있었는지조차 공군에는 문의할 수 없었습니다. 이건 심각한 문제가 아닐 수 없습니다. 지금 이 순간에도 데이터를 잃고 있기 때문에 다시는 추적할 수가 없거든요.

보버트: 연방정부가 기록을 파기해 온 역사가 있다고 생각합니다. 감사합니다, 누체텔리. 볼랜드, 지리공간정보 요원으로서, 미국의 제한된 영공에서 UAP가 작동한다는 기밀 자료를 본 적이 있

습니까? 그리고 그런 정보가 의회로부터 은닉된 적이 있습니까?

볼랜드: 미국 영공 내에서는 보지 못했습니다. 정보 감독의 문제라 저에게는 권한이 없었습니다.

보버트: 펜타곤 UAP 사무국 내의 보복에 대해 감찰관에 제보한 후 보호를 받았나요, 아니면 더 많은 보복을 받았나요?

볼랜드: 감찰관에서요, 아니면 AARO에서요?

보버트: 어느 쪽이든요.

볼랜드: 내가 내부고발을 했더니 AARO가 관련자 입을 막고 자료를 기밀로 묶어버렸습니다. 감찰관실에 정식 고발했는데 그 뒤로는 소식이 없고 변호사도 이를 심히 우려하고 있습니다. 결국 제 말이 거짓은 아니라고 인정받았지만 급한 사안은 아니라며 처리를 미루고 있는 것 같습니다.

보버트: 그런 경험으로 보아 내부 UAP 조사가 훼손되었을 가능성이 있다고 보십니까?

볼랜드: 가능성은 있습니다. 이 문제가 복잡한 이유는 많은 사람들이 지시받은 대로 일을 수행하고 있는 데다, 20년~30년 연금이나 자식의 의료 혜택, 혹은 주택 같은 것을 포기하려는 사람은

거의 없기 때문입니다. 물론 가능성은 있습니다. 네.

보버트: 감사합니다, 볼랜드. 슈필버거, 국가안보 관련 내부고발자들이 현재 보복 조치에 대해 항소할 수 있는 기회가 있습니까, 아니면 그저 자신들이 고발한 기관에 의존해야 합니까?

슈필버거: 의원님, 그것이 바로 POGO가 가장 우려하는 부분 중 하나입니다. 조사의 독립성과 보복 조치에 대한 책임성 문제를 두고 하는 말인데요, 기본적으로는 국가안보 내부고발자들은 기관 감찰관을 통한 내부 행정 절차에 의존할 수밖에 없습니다. 차이는 있지만, 결론적으로 그들은 자신에게 보복을 가한 기관 및 당사자들에게 보호를 기대할 수밖에 없는 상황입니다.

보버트: 네. 여러분의 용기에 감사드립니다. 시간이 다 됐습니다. 앞으로도 여러분을 보호하기 위해 가능한 모든 조치를 취하겠습니다. 진실과 투명성을 국민에게 돌려주려는 노력에 감사드립니다. 의장님, 질문을 마칩니다.

루나: 이제 벌리슨 의원님께 약 5분을 드리겠습니다.

벌리슨: 감사합니다, 여러분. 이렇게 용기를 내주셔서 감사드립니다. 저희는 여러분의 용기를 진지하게 고민하고 있습니다. 오늘 이 자리에 출석해 준 분들께 감사드립니다. 첫 청문회에 출석했던 많은 분들도 기억합니다. 매튜 브라운도 여기 계시군요.

증인으로 용감히 나서주셨죠. 여러분도 매튜의 증언을 찾아보시길 권합니다.

첫 번째 청문회에서 라이언 그레이브스와 데이비드 그러쉬와 데이비드 프레이버의 증언을 들었습니다. 두 번째 청문회에서는 갤로뎃 제독과 루 엘리존도, 그리고 골드 등 많은 분들이 나오셨습니다. 우리는 여러분의 목소리를 듣고 있으며 더는 지체하지 않고 행동할 때라는 데 공감합니다.

저는 외계인이 다른 행성에서 왔다고 섣불리 단정하지는 않습니다. 하지만 그 가능성은 열어두고 있습니다. 특히 정부가 우리에게 정보를 적극적으로 차단하고 있는 상황에서, 우리는 책임을 다해야 한다고 생각합니다.

바로 어젯밤, 저는 국방수권법에 UAP 공개 조항을 포함시키려 했습니다. 그런데 편의상이라는 이유로 해당 조항이 법안과 무관하다며 반려되었습니다. 대부분 직원들이, 심지어 선출직 의원도 아닌 사람들이 이를 결정한 겁니다. 이런 일이 계속 반복되고 있습니다. 작년에는 하원 운영 부서의 누군가가 AARO의 전체 브리핑을 받지 못하게 막았습니다. 선출직도 아닌 직원이 우리를 막은 겁니다. 더 이상 이런 일을 좌시하지 않을 겁니다. 이제는 그만둬야 할 때입니다.

지금부터 제가 입수한 영상을 재생하겠습니다. 먼저 설명드리겠습니다. 이 영상은 2024년 10월 30일에 촬영되었습니다. 예멘 연안에서 MQ-9 무인기 한 대가 어떤 구형 물체를 추적하는 장면입니다. 보시면 다른 MQ-9이 헬파이어 미사일을 발사하는데, 발사하는 무인기는 화면에 보이지 않을 겁니다. 발사 과정에 대해서는 따로 설명하지 않겠습니다. 영상이 줌 아웃될 때 그 물체가 움직이는 모습을 보실 수 있을 겁니다.

누체텔리: 기밀이 해제된 겁니까?

벌리슨: 냅, 이런 사건이 발생했다는 이야기를 들어보신 적이 있습니까? 어떤 정보를 가지고 계십니까?

냅: 네, 들어봤습니다. 이 사건도 들은 적이 있습니다. 제레미 코벨과 제가 한동안 팟캐스트에서 이야기했었죠. 다만 그때는 영상을 가지고 있지는 않았습니다. 이런 영상이 저장된 서버가 있는데 의회도, 대중도 보지 못하도록 막혀 있습니다. 가끔은 일부가 외부로 흘러나와 우리에게 오기도 하지만 원래 그 영상은 여러분에게, 국민에게 돌아가야 마땅할 겁니다.

여러분이 못 보게 되는 이유는 저로서도 알 수가 없습니다만 분명한 건, 저건 헬파이어 미사일이 UFO를 강타했는데 튕겨 나갔고 물체는 계속 움직였다는 사실입니다.

벌리슨: 그대로 계속 움직였군요. 파편도 같이 이동하는 듯 보였습니다.

냅: 네. 도대체 그게 뭡니까? 저렇게 나는 게 대체 무엇이란 말입니까?

벌리슨: 이게 무엇인지는 추측하지 않겠습니다. 하지만 문제는 이겁니다. 왜 우리는 이런 정보를 지속적으로 차단당하고 있는 겁니까? 한 가지 묻겠습니다. 여기 이 문서 … 의장님, 아직 기록에 포함되지 않았다면 포함시켜 주십시오.

루나: 그렇게 하겠습니다.

벌리슨: 이 문서는 냅이 제공한 '쓰렛 쓰리' 파일입니다. 엄청난 분량이군요. 대체 어떻게 러시아에서 이걸 빼올 수 있었습니까?

냅: 조심스럽게요.

벌리슨: 양말 속에 숨겨서요?

냅: 그 점에 대해서는 구체적으로 말하고 싶지 않습니다. 언젠가 다시 가서 뭔가를 더 가져와야 할 수도 있기 때문인데요, 물론 실제로 한다면 미친 짓이겠지만요. 다시 말씀드리자면 보안 도장이 찍힌 맨 윗장은 떼어서 몸에 지니고 나왔고, 나머지는 그냥 제 여

행가방에 던져 넣고 캐비어 몇 통을 위에 얹어 '눈속임'을 했습니다. 운이 좋길 바란 거죠. 안 그랬다면 지금쯤 저는 시베리아 시민이었을 겁니다.

벌리슨: 제임스 라카츠키 박사는 정부가 NHI(비인간 지성체) 기체를 보관 중이며 내부 진입까지 이뤄졌다고 당신에게 보고했다고 하셨습니다. 주장의 진실성에 대해 증언할 수 있습니까?

냅: 라카츠키 박사는 경력 대부분을 DIA에서 보낸 명예로운 인물입니다. 신뢰받는 고위 로켓 과학자이자 정보 분석가였으며 제가 앞서 말씀드린 AAWSAP 프로그램을 시작하게 만든 인물이기도 합니다. 전적으로 공개하자면 저는 그와 함께 책을 두 종 집필했습니다. 어느 날 그는 뜬금없이 저와 또 다른 공동저자에게 이 사실을 전했는데요, 내용 중 단 두 문장을 공개하는 데만 14개월이 걸렸습니다. 허락을 받기가 쉽지 않았다는 이야기죠.

그가 말하길, "우리는 기체 내부에 들어가는 데 성공했다"는 것이었습니다. 날개도, 로터도, 꼬리도 없었고, 연료도, 연료탱크도 없었습니다. 그것이 어떻게 비행하고, 어떻게 작동하는지는 아무도 알지 못했습니다. 외형상 분명히 공기역학적으로 설계된 것처럼 보였지만 그는 더는 밝히지 않았습니다. 절차를 철저히 따르는 사람인지라 더 말할 수 있는 승인을 받기 전까지는 추가적인 언급을 하지 않을 겁니다.

한 가지 확실한 건 그게 우리 것이 아니었다는 겁니다. 우리가 만든 게 아니었고, 누가 만들었는지도, 어떻게 만들어졌는지도, 어떻게 작동하는지도 알 수 없었습니다. 하지만 최소한 하나는 확보하고 있다는 건 분명합니다. 저는 그것만으로도 우리가 원반형 비행체와 그 소재를 보관하고 있다는 증거가 된다고 봅니다.

벌리슨: 마지막으로 볼랜드 씨께 묻겠습니다. 기밀 영역에서 비인간 지성체(NHI) 기술의 명백한 증거를 접한 적이 있습니까? 그리고 두 번째 질문입니다. BAE 시스템즈가 비인간 지성체 기체를 역설계하거나 활용하는 데 어떤 식으로든 관여한 적이 있습니까?

볼랜드: 네, 그건 보안시설(이하 SCIF)에서 따로 대화해야 할 사안입니다. 제가 법적으로 그 질문에 답할 수 있는지조차 불분명하고, 의원님께서도 답변을 합법적으로 들을 수 있는지가 불확실합니다.

벌리슨: 알겠습니다. 저희의 답답함이 느껴지실 겁니다. 그럼에도 용기를 내주신 데 대해 감사드립니다. 우리는 계속 싸울 것입니다. 이건 정부가 국민의 것이며 공화국을 원래 의도대로 회복하는 문제이기 때문입니다. 의장님, 제가 스티븐 그리어 박사로부터 받은 또 다른 증인의 자료가 있습니다. 마이클 에레라, 로데릭 캐슬, 랜디 앤더슨, 스티븐 디그나 등 여러 명의 증언인데, 오늘 참석한 증인들의 진술과도 유사합니다. 이 자료를 기록에 포

함시켜 주시길 요청합니다.

루나: 이의 없습니다.

벌리슨: 감사합니다.

루나: 이제 리 의원님께 5분 드리겠습니다.

서머 리: 감사합니다, 의장님. 저는 우리가 미확인 이상현상(UAP)에 관한 선정적인 논란에만 빠져서 이번 청문회의 핵심을 놓쳐서는 안 된다고 생각합니다. 오늘의 논의 자체는 내부고발자가 왜 중요하며 왜 우리가 반드시 그들을 보호해야 하는가일 겁니다. 트럼프 대통령과 로버트 F. 케네디 주니어, 환경보호청의 리 젤딘 국장 같은 인사들이 정부를 해체하고, 이 행정부의 파괴적 정책이 야기하는 위협에 맞서 목소리를 내는 전문가를 해고하려 한다는 점을 고려하면 우리는 UAP 관련 제보자뿐 아니라 모든 내부고발자들을 보호하는 데 주안점을 두어야 합니다.

오늘 과감히 의회에 나와 진실을 증언해 주신 내부고발자들께 감사드립니다. 행정부는 낭비와 사기 및 권력 남용에 맞서겠다고 주장하지만, 실제로는 내부고발자들이야말로 진짜 낭비·사기·남용에 맞서 싸우는 최전선의 검이 되어 왔습니다. 한 연구에 따르면 내부고발자들은 제3자 감사기관보다 두 배 이상 많은 사기를 폭로했습니다. 슈필버그께 묻겠습니다. 연방정부 내에서 내부고발자들이 사기와 권력 남용을 폭로한 대표적인 사례로는 어떤 것들이 있습니까?

슈필버거: 감사합니다, 의원님. 내부고발자들은 정말 다양한 사안에서 핵심적인 역할을 해왔습니다. 대표적인 사례는 2014년 재향군인부(VA)의 대기자 명단 스캔들입니다. 당시 저희 POGO는 이라크·아프가니스탄 재향군인협회와 협력해 중요한 역할을 했습니다. 당시 우리는 800명 이상의 제보자와 내부고발자들로부터, VA가 참전 군인들에게 기본적인 진료를 받기 위해 지나치게 긴 대기 시간을 강요하고 있다는 증언을 받았습니다. 그로 인해 중대한 질병이 악화되거나 심지어 사망이 앞당겨진 경우도 있었습니다. 우리는 이 문제를 세상에 알리는 데 기여했고 이는 국가안보 영역을 넘어서는 문제라 하더라도 내부고발의 중요성이 얼마나 큰지를 보여줍니다. 많은 경우 이건 생명과 죽음이 걸린 문제이기도 합니다.

서머 리: 하지만 안타깝게도, 내부고발은 심각한 보복과 불이익으로 이어지기도 합니다. 특히 현 정부는 보복적이고 무법적인 행태를 보여왔습니다. 슈필버거, 과거 내부고발자들이 어떤 보복을 당했는지, 그리고 오늘날 트럼프 행정부 하에서 어떤 상황이 벌어지고 있는지 말씀해 주시겠습니까?

슈필버거: 네, 저희가 실제로 여러 형태의 보복 사례를 들어왔습

니다. 그중 볼랜드가 앞서 언급한 사례 하나를 강조하고 싶습니다. 바로 보안 승인을 악용한 보복입니다. 이는 단순히 내부고발자 본인뿐 아니라, 그들이 법적 대리인을 찾고 보복에 맞서 방어할 수 있는 권한에도 치명적인 영향을 미칩니다.

현 행정부의 최근 몇 달을 살펴보면 초당적 공무원 제도를 해체하려는 조직적인 움직임을 보게 됩니다. 이를테면 대량해고, 독립적 기관 감시기구의 약화, 감찰관들Inspectors General의 대량해임, 특별고문실Office of Special Counsel의 권한 약화, 인사제도보호위원회MSPB의 무력화 등을 꼽습니다. 이들은 원래 독립성을 유지하며 내부고발 제보를 조사하고 권리를 보장하는 중요한 역할을 하는 기구들인데 이들의 권한이 약화된 것입니다.

서머 리: 맞습니다. 감사합니다. 1989년 의회는 내부고발자 보호법Whistleblower Protection Act을 통과시켰고, 2012년에 이를 다시 확대해 연방 공무원들이 선출직 대표들에게 자유롭게 제보할 수 있도록 보장했습니다. 그렇게 한 것은 옳은 일이었습니다. 트럼프 대통령 취임 이후 내부고발자들의 역할은 그 어느 때보다도 중요해졌으니까요.

내부고발자 덕분에 우리는 정부효율부(DOGE)가 모든 미국인의 개인 보안 정보를 위험에 빠뜨렸다는 사실을 알 수 있었습니다. 그는 안전장치를 우회하고 모든 데이터를 보안되지 않은 서버에

복사했다고 합니다. 저는 뉴욕타임스의 「정부효율부가 핵심 사회보장 데이터를 위험에 빠뜨렸다—내부고발자 증언」이라는 제목의 기사를 기록에 포함시킬 것을 요청합니다.

루나: 동의합니다.

서머 리: 감사합니다. 또한 전국노동관계위원회(NLRB)의 내부고발자들은 정부효율부의 측근들이 사건 기록을 기관 외부로 유출했을 수 있다고 폭로했습니다. 이는 공동대표이던 일론 머스크가 노동자들을 계속 착취하도록 돕기 위한 것이었을지도 모릅니다. 지난주에는 국립보건원(NIH)의 내부고발자들이 로버트 F 케네디 주니어의 백신 및 허위정보 캠페인이 기관 최고위층까지 파고들었다고 증언했습니다.

보통 내부고발자들은 자신의 주장을 조사하고 기관 지도부에 문제를 보고할 수 있는 감찰관(Inspector General)에 의존합니다. 그러나 트럼프 대통령은 20명 이상의 감찰관을 해임하거나 강등시켰습니다.

마지막으로 하나 더 묻겠습니다, 슈필버거. 감찰관의 독립성과 역량이 약화될 때 그것이 내부고발자들에게 어떤 위험을 초래하는지 설명해 주시겠습니까?

슈필버거: 내부고발자들은 원래 증언대에 서기 어렵습니다. 그런

데 정작 그들을 보호하고 폭로를 조사해야 할 기관들을 우리가 약화시키고 있습니다. 그러니 그 기관들의 조사와 결론을 믿기 어려워집니다. 그러니 내부고발자가 나타났을 때 그들을 진지하게 대할지, 법대로 제대로 보호할지조차 신뢰할 수 없게 되는 겁니다. 결국 문제의 핵심은 그 기관들이 대통령(현직이든 차기든)에게 아부하는 들러리가 될 것인지, 아니면 독립적인 감시자로서 역할을 계속할 것인지입니다

서머 리: 감사합니다. 더는 말씀드리지 않겠습니다. 질의를 마칩니다.

루나: 감사합니다. 이제 크레인 의원님께 5분 드리겠습니다.

크레인: 감사합니다, 의장님. 이번 청문회를 열어 주셔서 감사드립니다. 증인 여러분도 투명성을 위해 나서 주셔서 감사합니다. 솔직히 고백하자면 어릴 적엔 UFO나 이런 것을 별로 믿지 않았습니다. 다소 관종 같은 이야기라고 생각했죠. 그런데 오늘 증언과 벌리슨 의원님이 방금 보여준 동영상 같은 걸 보고 나니 믿을 수밖에 없게 됐습니다. 무슨 기원이냐는 모르겠지만요. 증인들께 여쭤보겠습니다. 누체텔리, 공군에 계셨죠?

누체텔리: 네.

크레인: 목격 이전에 UFO를 믿었습니까?

누체텔리: 관심은 항상 있었습니다. 네.

크레인: 위긴스 수석님, 지금 해군 복무 중이시죠?

위긴스: 맞습니다.

크레인: 목격 전에는 UFO를 믿었습니까?

위긴스: 네, 저는 라스베이거스 출신이라 조지 냅 보도를 어렸을 때부터 봐 왔습니다.

크레인: 볼랜드는요?

볼랜드: 저는 사실이 어디로 귀착되는지 열어놓고 봐 왔습니다.

크레인: 여러분은 증언하러 나오면서 보복이나 사회적 배제 등 두려움이 있었습니까? 누체텔리부터요.

누체텔리: 예, 분명히 그랬습니다. 제 이야기를 뒷받침할 문서가 없었다면 아마 나오지 못했을 겁니다. 그리고 첫 번째 의회 청문회에서 길을 닦아주신 분들이 없었다면 나오지 못했을 것입니다.

크레인: 수석님은요?

위긴스: 해군에서 위로부터 '문제가 없다'는 허가를 받았을 때 안심이 됐습니다. 전에는 좌우를 따질 생각도 못했습니다. 해군이 증언을 허용해 준 데 대해 감사드립니다. 그 말이 없었더라면 보복이나 우려 때문에 나오지 못했을 겁니다.

크레인: 볼랜드는요?

볼랜드: 맞습니다. 여태 겪은 일을 다 거치고 보니 제가 행정부에 큰 문제를 일으킨 게 분명하더군요. 그래서 저는 해야 할 일을 했고, 그 때문에 공개적으로 말하지도 않았습니다. 그래서 오늘 이 자리가 더욱 반갑기 그지없습니다. 제 일에 대해서는 이렇게 진행되길 바랐거든요.

크레인: 볼랜드, 당신이 공개하려다 징계나 불이익을 당했다고 생각하는 이유는 무엇입니까?

볼랜드: 제가 본 것에 대해, AARO와 IG에 제출된 제 진술이 매우 민감한 국가안보 사안으로 취급되었기 때문입니다.

크레인: 감사합니다. 넵, 저는 조 로건과 다른 매체에서 당신의 영상을 많이 봤습니다. 많은 사람들이 궁금해 하는 굵직한 문제 중 하나는, 왜 연방정부가 이 문제에 대해 투명하게 밝히기를 거부했다고 보느냐는 겁니다.

냅: 처음 이 현상이 대규모로 하늘에 출현하기 시작했을 때는 아마 여러 이유가 있었을 겁니다. 우린 겁을 먹었죠. 제2차 세계대전 직후였고 그것이 무엇인지 몰랐기 때문에 대중을 패닉에 빠뜨리고 싶지 않았을 것입니다. 처음에는 그것이 합리적인 판단이었을 수도 있습니다.

시간이 흐르면서 거짓말이 제도화된 면이 있다고 생각합니다. 예를 들어 1952년 워싱턴 D.C. 상공의 비행체들—레이더에 포착되고 전투기가 추적한 사건이 있었는데—그 뒤에 나온 설명은 '기온역전(temperature inversion)'이었다는 식이었죠. 그런 식의 거짓말이 오랫동안 반복되어 온 겁니다.

의회 측 조사관인 리처드 디아마토Richard D'Amato가 제게 한 이야기가 있습니다. 그는 로버트 버드와 해리 리드의 요청으로 이 사건을 추적하러 네바다에 왔고 에어리어 51에 들어가 보고 사람들과 이야기하며 사실관계를 확인하려고 했습니다. 그는 역설계 프로그램 같은 것이 민간 기업으로 유입되었다고 믿었습니다. 이때 그는 "이게 드러나면 사람들이 감옥에 갈 것"이라고 했습니다. 그는 사실상 수십억 달러 내지는 수백억 달러에 달하는 국가안보 예산을 오용해 사실을 은폐하려는 사람들이 있다고 밝힌 겁니다.

또 하나는 은폐의 정당한 이유가 있을 수 있다는 겁니다. 이 기술은 분명 국가안보와도 연관이 있기 때문인데요 우리가 러시아나 중국과 기술 확보 경쟁을 벌이고 있다면—제가 리드 상원의원 등 여러 사람에게 들은 바에 따르면—그 경쟁은 우리의 생존에 중대한 영향을 미치는 싸움이 될 것입니다.

이런 식의 공개는 가능하다고 봅니다. "그렇다, 그건 실재하며 어딘가에서 온 것"이라고 인정하되 기술 경쟁에서 누군가에게 우위를 주게 될 구체적인 사항을 전부는 공개하지 않는 것입니다.

크레인: 감사합니다. 마지막으로, 이 위원회에 매우 큰 도움을 준 UAP 내부고발자 데이비드 찰스 그러쉬 소령과 관련해 제가 국방부DOD에 보낸 서한을 증언 기록에 포함하고자 합니다. 안타깝게도 그러쉬 소령은 UAP 공개에 참여했다는 이유로 보복을 당했습니다. 이를테면, 보안 인가가 박탈되고 승진이 거부되었으며 의가사퇴역 자격도 잃었습니다. 저는 2025년 7월 24일 그러쉬 소령을 대신해 국방부에 서한을 보냈지만 아직 답장은 받지 못했습니다. 위원회가 답변을 받는 데 도움을 주신다면 감사하겠습니다.

루나: 이의 없이, 청문회 후 국방부에 후속 조치를 취하겠습니다. 감사합니다, 크레인 의원님. 다음으로 길Gill 의원님께 5분을 드리겠습니다.

길: 감사합니다, 루나 의장님. 먼저 제 시간 1분을 의장님께 양보하겠습니다.

루나: 좋습니다. 제 첫 질문은 냅에게 드립니다. 냅, 구舊 소련 정부로부터 획득한 문서들이 허위(정보전·위장)라고 단정하지 못하는 근거는 무엇입니까? 즉, 그들이 미국 정부를 겨냥한 허위정보 술책의 일환으로 일부러 흘린 것은 아니었을까요?

냅: 좋은 질문입니다. 저는 그 자료를 처음 입수했을 때 상원 정보위원회Senate Intelligence Committee와 일부를 공유했습니다. 해당 정보를 제공한 러시아 측에서 그렇게 해 달라고 요청했기 때문입니다.

둘째로 자료 전체는 국방정보국DIA에 AAWSAP 프로그램으로, 혹은 BAASS(Bigelow Aerospace Advanced Space Studies, 비글로우 계열 법인)를 경유해 전달했습니다. 약어 때문에 혼동이 올 수 있는데요 ….

루나: 이름을 빠르게 말해주실 수 있습니까?

냅: BAASS 쪽이냐, AAWSAP 쪽이냐요?

루나: 누구에게 넘겼나요?

냅: 로버트 비글로Robert Bigelow와 짐 라카츠키Jim Lacatski에게 넘

졌습니다. 그들이 팀을 꾸려 자료를 재번역·분석하도록 했고, 소련—러시아의 UFO(또는 UAP) 프로그램이 어떻게 조직되어 있었는지 구조를 만들었습니다. 그들은 그게 실재한다고 결론지었습니다. 또 한 사람, 그것이 실재한다고 말한 사람은 데이비드 그러쉬David Grusch입니다.

루나: 알겠습니다. 감사합니다. 길 의원님.

길: 감사합니다. 남은 시간은 에릭 벌리슨에게 양보하겠습니다.

벌리슨: 감사합니다, 길 의원님. 위긴스 수석님, 수석님이 보기에 내부 절차나 목격자 보고 시스템, 기관 간 문서화 같은 장치들이 어떻게 개선되어야 신뢰할 만한 목격 사례가 제대로 보존되어 감독 기구에 전달될 수 있을까요?

위긴스: 감사합니다, 의원님. 현역 해군으로서 임무는 함정과 지휘부의 임무를 수행하는 것입니다. 일반적으로 이런 상황을 목격했을 때 우리가 어떻게 대응해야 할지 아는 경우는 거의 없습니다. 그저 지시에 따라 임무를 수행하도록 훈련받았기 때문입니다. 따라서 중요한 것은 현역 장병들이 이런 사실을 보고할 수 있는 채널을 제공하고 보고 내용이 의회·감독 기구로 전달되는 단계에 도달할 수 있다는 보장이 필요할 것입니다. 아울러 일관된 보호 기준을 확립, 어떤 보복도 없을 거라는 확신을 주어야

합니다. 저는 해군에서 거의 24년 복무했지만 이런 경험을 한 2년 차 사병은 그러한 지식이 없거나 경력 초기라 더 두려워서 보고를 못 할 수 있습니다.

벌리슨: 네, 한 말씀 더 드리자면 수석님은 현역 중 첫 증인입니다. 그 점을 극찬하고 싶습니다. 증언 잘 들었습니다. 한 가지 묻겠습니다. 버쳇 의원이 발의한 '목격자 보호법Witness Protection Act'을 알고 계십니까?

위긴스: 잘 모릅니다, 의원님.

벌리슨: 혹시 위원회에서 그 법안을 아는 분 계신가요? 훌륭한 법안입니다. 내부고발자들을 어떠한 보복으로부터도 보호할 수 있는 조항이 담겨 있습니다. 그런데 이 법안이 반복적으로 막히고 있습니다. 대개는 선출직이 아니라 의원실·위원회에서 일하는 보좌진 및 전문위원 등 의회 직원들이 막습니다.

또 다른 법안으로 지난해 발의된 'UAP 공개법UAP Disclosure Act'이 있습니다. 믿기는 어렵겠지만 이 주제에 대해 저와 생각을 같이 하는 상원의원이 있습니다—척 슈머 의원입니다. 그는 상원에 해당 법안을 발의했고 작년 국방수권법NDAA에 넣기도 했습니다. 그런데 하원에선 삭제됐고 올해 또한 법안으로 상정되지 못했습니다. 법, 그 법안이 우리가 필요로 하는 답을 얻는 데 얼마나 도움이 될까요?

냅: 꽤 도움이 됩니다. 다만 여전히 걸림돌은 있을 겁니다. 비밀을 지키려는 사람들, 오랫동안 정보기관을 위해 이런 일을 해온 민간업체는 쉽게 내놓지 않을 겁니다. 그러니 강제로 끄집어내야 합니다. 보유 사실을 인정하게 만들 수 있느냐는 별개의 문제입니다. 어차피 그들은 거짓말을 할 겁니다. 계속 그래왔으니까요. 행운을 빕니다. 이번에는 통과되길 바랍니다만, 75년 넘게 거짓말을 해온 걸 밝혀내는 건 만만치 않은 싸움이 될 겁니다.

벌리슨: 네. 끝으로 볼랜드, 2023년에 AARO와 접촉했을 때 그들의 공개발표가 당신과 다른 이들이 목격한 사실과 일치하지 않는다고 지적하셨습니다. AARO의 핵심적인 한계는 무엇입니까?

볼랜드: 이렇습니다. AARO가 말하는 "외계 생명체에 대한 과학적 증거가 없다"는 성명은 과학적 증거를 요구합니다. 과학적 증거란 통제 실험이 있어야 하고, '외계'라는 건 다른 행성에 있는 존재라는 뜻입니다. 과학적으로 외계 기원을 증명하려면 그 행성에 가서 기술을 확보해 여기 있는 것과 비교해야 합니다.

벌리슨: 그러니까 지금 말씀하시는 건, 그들이 아무것도 내놓지 않는 이유가 기원이 확정되지 않는 한, 즉 우리가 그 행성에 가서 기원을 확인하지 않는 한 증거라고 말할 수 없다는 건가요?

볼랜드: 과학적 증거라면 그렇습니다. 그래서 AARO가 '외계 생명체의 과학적 증거 없음'이라고 말하는 것은 저는 이걸 '심리전'이라 부르고 싶진 않지만 진실 전체를 왜곡하는 암시입니다. 우리는 실제로 어떤 증거를 가지고 있습니다만 그 성명 자체가 엄밀히 거짓말은 아닐지 몰라도 일부 진실을 감춘 왜곡이라는 겁니다.

벌리슨: 감사합니다.

보버트: 의장님, 관련된 이야기라 잠깐 여쭤보겠습니다. 우리가 어떻게 다른 행성으로 가죠? 밴앨런 방사선대(Van Allen belt, 지구 주변에 붙잡혀 있는 고에너지 입자 띠로, 우주선이 지구 궤도를 벗어나 달·행성으로 갈 때 반드시 스쳐 지나가는 방사선이 센 구역—옮긴이)를 어떻게 안전하게 통과합니까?

볼랜드: 좋은 질문입니다만, 제가 답해 드릴 수는 없습니다.

보버트: 감사합니다.

루나: 이제 페리 의원님께 5분 드리겠습니다.

페리: 감사합니다, 의장님. 볼랜드부터 시작하겠습니다. 당신은 기밀 정보 접근 권한clearance이 있죠? 제복도 입고 있고요. 언제 전역했습니까? 몇 년도였나요?

볼랜드: 저는 2013년, 2월에 전역했습니다.

페리: 2013년. 기억하시겠지만, 그때 대통령이 누구였죠?

볼랜드: 2013년이면 오바마 대통령 시절이었습니다.

페리: 트럼프 대통령 때는 아니었죠?

볼랜드: 아닙니다.

페리: 알겠습니다. 제복을 입고 계신데 기밀 접근 권한도 있으신 거죠?

볼랜드: 네, 그렇습니다.

페리: 볼랜드 이야기를 들으면 많은 사람들이 그 장면을 상상할 수 있을 것 같습니다. 담배를 피우러 비행장에 나갔다가 그런 일이 벌어진 거죠. 적어도 제 느낌으로는 당신이 본 건 미국 정부와 관련된 무언가였다는 생각이 듭니다. 미국 정부 소유였다고 생각하십니까?

볼랜드: 제 소견으로는 그때나 지금이나 100퍼센트 미 정부가 관련되어 있다고 봅니다.

페리: 사후 조치가 있었나요? 일일 브리핑에서 그날 활동을 보고했습니까? 기록된 게 있나요? 지휘부와 대화가 있었나요? 그

때 알던 문서라도 있었나요?

볼랜드: 제가 아는 한 그런 건 없었습니다. 말씀드렸듯이 작전실op floor에서 이야기했고 나이든 부사관들이 따로 불러서 "이건 네 입으로는 발설 안 하는 게 좋다"고 하긴 했습니다.

페리: 그들은 당신이 무엇을 보고할지 알고 있었던 것 같습니까? 당신의 경력에 해가 되거나 미친 사람처럼 보이지 않길 바라서 그런 걸까요? 그들은 목격한 적이 없어 그런 건 아니었을까요? 당신이 본 걸 현장에서 같이 목격한 사람이 있습니까?

볼랜드: 그날 밤에는 없었습니다. 말씀드린 대로 그 시각 깨어 있었을 사람은 보안부대와 작전을 수행하던 우리뿐이었습니다.

페리: 보안부대는 군 병력 소속인가요, 아니면 계약업체 직원이었나요?

볼랜드: 둘 다였을 가능성이 큽니다.

페리: 그들과 대화를 나눴나요? 사후 조치 때는 누가 그들과 이야기했나요?

볼랜드: 제가 기억하는 한 그런 적은 없었습니다.

페리: 지휘부는 목격한 대상을 규명·검증하는 데 관심이 있었나요?

볼랜드: 제가 아는 한, 없었습니다.

페리: 안타깝군요. 위긴스, 복무에 감사드립니다. 여러분 모두, 이 자리에 나와주셔서 감사합니다. 여러분의 용기에 박수를 보냅니다.

누체텔리 이야기는 좀 다르군요. 두 분과 누체텔리 모두에게 묻겠습니다. 만약 이게 미국 정부가 승인한 것이라면 여러분이 보안 접근 허가를 받았다 해도 그보다 높은 등급으로 분류되어 있다면 그들이 그것을 목격하게 하고 현장 주변에 있게 할 이유가 있을까요? 이게 우연은 아닐까요? 미국 정부가 실수를 했다면요? "아, 우리가 신규 시스템을 시험하는데 여기 이 사람들이 서 있는 걸 깜빡했네." 이런 식의 실수 말입니다. 미국 정부가 그럴 수 있습니까?

누체텔리: 아니요. 저희가 담당하던 발사 임무 중 일부는 수십억 달러짜리 프로젝트였고 그런 기술을 개발하는 데는 10년이 걸리기도 합니다. 그럼에도 이런 물체가 발사대 근처까지 접근했습니다. 그런 식의 '실수'가 있었다면 대참사가 날 수도 있는 상황입니다.

페리: 그렇겠군요.

누체텔리: 미지의 물체가 기지 주변이나 훈련 중에 활동한다면

숱한 혼란을 초래할 겁니다.

페리: 그럼 당신이 목격한 것은 정부와는 무관하다고 보는 입장인가요?

누체텔리: 그렇습니다.

페리: 물론 현장에 있도록 내버려두지는 않았겠죠. 당시 프로젝트가 중단될 수도 있으니까요. 그렇다면 사건에 대한 사후 조치는 있었나요? 지휘부에서 논의가 있었나요? 수사는요? 당신이 관여한 활동이 상당히 중요한데 수사가 진행된 걸로 알고 있습니까?

누체텔리: 저희는 즉각 자체 조사를 진행했고 증거를 문서로 남겼습니다. 하지만 상부 차원에서 공식 수사가 있었는지는 모르겠습니다. 어떻게 처리하라는 지침 같은 것도 하달되진 않았습니다.

페리: 인터뷰 요청은 없었나요?

누체텔리: 사건과 관련해서요?

페리: 네.

누체텔리: 제가 기억하기로는 없었던 것으로 압니다.

페리: 국가안보와 연관된 수백만, 어쩌면 수십억짜리 사업과 발사 프로젝트가 진행되는 현장에 있는데 운용에 이상이 생겼다면 관련자 전원을 인터뷰하는 게 당연해 보입니다. 이상하지 않나요?

누체텔리: 밴덴버그에서 UAP를 목격한 사람 가운데 유일하게 인터뷰를 한 이는 착륙을 목격한 사람 하나뿐이었습니다. 그 사람에게 전화가 갔습니다.

페리: 왜 제가 이런 질문을 하느냐면 관련자든 아니든 모든 사람을 인터뷰해서 연관성이 있는지 확인하는 게 맞는 것 같기 때문인데요. 위긴스, 당신은 어땠습니까? 조사나 사후 조치, 해당 사건에 대한 문서 같은 것을 접하신 적이 있습니까?

위긴스: 없습니다. 제가 아는 한 그런 것은 없었습니다. 제 경험상 작전은 늘 계획에 따라 움직이고 기록도 남기는데 이번 건에 한해선 그런 절차가 전혀 보이지 않았습니다.

페리: 네. 계획된 작전은 사후에 애프터액션 리뷰after-action review를 실시하죠. 육군에서는 그렇게 부릅니다만 해군도 유사한 절차가 있을 겁니다. 취약점과 성공 요인을 점검하기 위해서죠. 이 사건에 대해서도 그런 걸 했습니까?

위긴스: 아닙니다. 해군에서는 애프터액션 리포트라 부르는데,

제 기억으로는 사건에 대한 애프터액션 리포트는 작성된 바 없습니다.

페리: 안타까운 일이군요. 감사합니다, 의장님. 여기까지 하죠.

루나: 이제 빅스 의원님께 5분 드리겠습니다.

빅스: 감사합니다, 의장님. 오늘 증언해 주신 증인들께도 감사드립니다. 저는 오늘의 증언이 UAP에 대한 견해와 상관없이 모든 미국인에게 경종을 울려야 한다고 생각합니다. 이건 단순히 UAP 문제가 아닙니다. 정부의 청렴성뿐 아니라 혈세를 책임 있게 쓰는 문제와, 행정부를 감독하는 의회에 대한 헌법적 의무의 문제이기 때문입니다.

특별접근프로그램SAP 안에 숨겨진 중요한 정보들은 사실상 거의 모든 선출직 의원과 대중에게 금단의 영역이라는 증거가 나왔습니다. 신빙성 있는 증인은 발언에 보복을 당했다고 증언합니다. 이는 진실을 폭로하는 사람을 침묵시키려는 명백한 시도입니다. 우리는 내부고발자를 보호해야 합니다. 정부의 허위 정보 정책은 수십 년간 공적 신뢰를 무너뜨렸습니다.

이는 당파 문제가 아닌 헌법상의 문제입니다. 아울러 VA사태(피닉스 재향군인부(VA)에서 시작된 진료 지연·기록 조작과 내부고발자 탄압 문제 전반을 가리키는 말-옮긴이)에서처럼, 슈필버거가 지적한 문제들—그 중심이 피닉스였고 그곳에서 내부고발자들에게 보복을 가한 일은 오바마 행정부 때도 있었습니다—어느 정권, 어느 당이냐를 따질 문제가 아닙니다. 양당 모두 특히 이 문제에 대해 진실을 규명해야 합니다. 정부는 진실을 숨기고, 발설하는 자를 처벌할 수 있다고 봅니다. 의회는 사실이 어디로 귀결되는지 끝까지 파헤쳐야 합니다.

먼저 냅에게 묻겠습니다. 그동안 수많은 UAP 내부고발자를 인터뷰하셨는데 그들의 주장이 보도할 만하다는 신빙성은 어떻게 검증합니까?

냅: 증언의 신뢰성은 여러 요소를 종합적으로 검토합니다. 먼저 신원과 경력을 확인하죠. 정말 그곳에서 복무했는지, 말한 일을 실제로 했는지 따집니다. 다른 목격자나 사진·영상 같은 시각적 증거가 있는지도 확인하고, 동료들에게 그 사람이 믿을 만한지 묻습니다. 이게 첫 단계입니다.

AARO(미 의회가 UFO 증인·내부고발자를 다루도록 만든 조직) 이야기도 빼놓을 수 없습니다. AARO는 "경험이 있는 현역·예비군은 연락을 달라"며 공개적으로 제보를 받았습니다. 하지만 제가 직접 이야기를 나눠 본 제보자들은 이에 크게 실망했습니다. 예를 들어 밥 제이컵스라는 사람이 있습니다. 1964년 밴덴버그 공군기지에 배속된 중위였고, 그의 부대는 미사일 시험을 전부 촬영했습니다. 한번은 시험 중 UFO가 갑자기 나타나 핵탄두 모형을 향해 레이저 같은 빔을 쏴서 비활성화시키는 장면이 찍혔습니다. 이후 그는 지휘관실로 불려갔고, 양복 입은 두 남자가 UFO가 나온 필름 부분을 잘라내 가져갔습니다. 그는 이 일에 대해 입 밖에 내지 말라는 명령까지 받았죠. 그는 국민의 의무라는 생각에 AARO에 제보했지만 해당 기관은 그를 완전히 일축했습니다. 원본 필름을 찾았는데 그런 장면은 없었다는 식으로요. 하지만 원본은 촬영 당일 이미 가져간 상태였습니다. 그가 실망할 수밖에 없었죠.

밥 살라스도 비슷한 사례입니다. 그는 ICBM(대륙간탄도미사일) 기지에서 근무하며 기지 상공에 UFO를 목격했고 그때 미사일 격납고가 연쇄적으로 가동이 중지되는 일을 겪었다고 합니다. 그 역시 AARO에 제보했지만 철저히 무시당했습니다.

마치 AARO가 사람들을 불러 이야기를 빼낸 뒤, 오히려 제보자들을 깎아내리는 '역정보 공작'처럼 움직인다는 인상까지 듭니다. 초대 국장은 떠났지만 그는 여전히 조직의 대변인처럼 활동하고 있습니다. 이런 일을 겪고 나면 앞으로 어떤 내부고발자나 목격자도 AARO를 다시 찾지 않을 거라고 생각합니다.

빅스: 의장님, 우리도 AARO를 철저히 들여다볼 필요가 있습니다. 저는 …

루나: 아, 션 커크패트릭에게 증인 소환장subpoena을 보내야겠군요. 누체텔리, 당신은 레드 스퀘어 사건의 공식 기록이 현재 AARO와 FBI가 보유하고 있다고 증언하셨습니다. 의회나 본인이 그 기록에 대한 접근을 거부당한 적이 있습니까? 혹시라도 거부당했다면 어떤 근거로 우리(혹은 당신)가 접근을 거부당한 것입니까?

누체텔리: 아니요, 기록은 기밀이 해제된 상태였습니다, 그래서—

빅스: 알겠습니다.

누체텔리: … 제공되었습니다.

빅스: 2003년에서 2005년 사이에 당신이 언급한 사건들에서 기지 기록이나 공식 보고서에 전자기적 영향이나 무선 이상 혹은 보안 시스템 장애 같은 물리적 영향이 문서로 기록된 적이 있었습니까?

누체텔리: 제가 알기로는 없습니다.

빅스: 위긴스 수석님, 사건의 고해상도 원본(편집되지 않은 영상)이 의회에 제공되었습니까?

위긴스: 예, 그렇습니다.

빅스: 좋습니다. 귀하나 승조원들이 공식적이든 비공식적이든 그 사건을 기록하거나 논의하지 말라는 지시를 받은 적이 있습니까?

위긴스: 없었습니다.

빅스: 알겠습니다. 볼랜드, 귀하는 보안 승인 기록 조작에 대해 언급하셨습니다. 어느 기관이나 부서가 그 책임이 있었는지 특정할 수 있습니까? 그들이 서면으로 근거를 제시했나요?

볼랜드: 그건 SCIF에서 말씀드릴 수 있습니다, 의장님. 100퍼센트 그렇습니다. 다기관 특수접근프로그램에 참여했기 때문에 공개적으로는 말씀드릴 수 없습니다.

빅스: 그럼 우리가 SCIF 회의를 열도록 권고하겠습니다, 의장님. 그리고 볼랜드, 다시 한 번 묻겠습니다. 당신은 AARO에 특정 출처와 수단sources and methods을 불신 때문에 제출하지 않았다고 증언하셨습니다. 그들이 진실을 왜곡하고 있다고 믿게 한 구체적 사유를 제시해 주실 수 있습니까?

볼랜드: 앞서 밝혔듯이 제가 말한 건 과학적 방법이나 과학적 통제 혹은 '외계extraterrestrial' 표현 같은 문제입니다. 저는 제가 무엇을 목격했는지 잘 알고 있습니다. 제가 아는 것은 사실이자 진실입니다. 그러므로 어느 기관이 이 사안에 대해 공공연히 부정

적인 방향으로 대중의 의식을 조작하려 한다면 제가 진실을 알고 있는 한 저는 이를 극도로 경계할 수밖에 없습니다. 제가 겪은 사건과 다른 내부고발자들이 겪은 경험을 보면 더더욱 그렇습니다.

빅스: 감사합니다, 의장님. 제가 강조하고 싶은 핵심은 '메시지 조작'과 '서사(내러티브) 조작'입니다. 이는 시스템 전체의 문제이자 의장님께서 이런 훌륭한 청문회를 개시한 이후 우리가 확인한 바이기도 하죠. 정말 감사합니다.

루나: 감사합니다, 빅스 의원님. 이제 베기치 의원께 5분을 드리겠습니다.

베기치: 감사합니다, 의장님. 첫 질문입니다. 볼랜드, 오늘 일찍이 당신은 SCIF에서 의원이 법적으로 특정 정보에 접근할 수 있는지 여부를 논의할 수 있다고 하셨습니다. 의원이 SCIF 내에서도 관련 정보에 접근하지 못하도록 제한할 수 있는 근거는 무엇인가요?

볼랜드: 그건 개버드 국장과 직접 논의해야 할 듯싶습니다. 결국은 집행부로 가서 누가 권한을 갖고 있는지 확인해야 할 문제라고 봅니다. 솔직히 제가 완벽한 답을 드릴 수는 없습니다. 지식 밖의 영역이거든요.

베기치: 다음 질문은 조지 냅에게 드립니다. UAP 관련 기술을 조사하거나 역설계하는 프로그램의 연간 예산 규모(공식·비공식(블랙) 예산 포함)는 어느 정도라도 추정하십니까?

냅: 전혀 알 수 없습니다. 그걸 직접 본 사람이 누구인지 전혀 모릅니다.

베기치: 패널 중 이 질문에 답하고 싶으신 분 있으신가요? 다음으로 가겠습니다. 여러분 중 누구든 UAP-SAP(미확인 이상현상-특수접근프로그램) 연합의 핵심 '결정권자(게이트 키퍼)'를 특정해서 지명할 의향이 있습니까?

냅: 구체적 인물이나, 이 사안을 처리하고 비밀로 유지해온 계약업체들을 말하는 건가요?

베기치: 구체적인 개인을 말합니다.

냅: 이름을 대자면 록히드 쪽의 제임스 라이더 박사Dr. James Ryder가 있습니다. 다만 다시 강조하건대, 저는 이런 일을 장기적으로 해온 계약업체들을 탓하려는 게 아닙니다. 그들은 정부가 시키는 일을 한 것이고, 누가 묻는다면 거짓말을 하도록 요청받았을 뿐입니다. 자료를 넘긴 정보기관들은 주로 CIA라고 생각하는데 조용히 하라고 지시했고, 그들은 지시를 따랐을 뿐이죠.

언젠가는 이들(계약업체)이 기술을 규명하는 데 도움이 되고 싶어 할 거라고 봅니다.

베기치: 이와 관련하여 혹시 UAP나 비인간 지성체NHI에 대한 보안 분류 가이드security classification guide가 공개되어 있나요?

누첸텔리: 제가 기억하기로는, 2003년 아니, 2023년 청문회에서 UAP 관련 자료는 기밀Secret 이상으로 분류된다고 언급된 바 있습니다.

냅: 한 분 더 말씀드릴게요.

베기치: 말씀하세요.

냅: CIA의 글렌 개프니Glenn Gaffney입니다.

베기치: 글렌 개프니, CIA. 알겠습니다. 다음 질문입니다, 냅. 오랜 기간 이 문제를 조사해 오신 관점에서 볼 때 대중에게 이 정보를 공개하려는 장기적인 전략이 무엇이라고 보십니까? 지금은 누구나 손에 고화질 카메라가 있고, 언젠가 이런 정보는 국민에게 숨기기 불가능해질 텐데요. 장기적으로 무슨 계획이라고 생각하십니까?

냅: 비밀은 사실상 이미 유출됐습니다. 군과 정보기관, 계약업체,

센서 플랫폼 내부에서 유출된 영상이 얼마나 많습니까? 이미 퍼져 나갔습니다. 다만 권력을 가진 쪽이 '우리가 이걸 진지하게 받아들이지 않겠다'며 폄하하고 증인의 신빙성을 떨어뜨리고 커버스토리(실제 목적·출처·내용을 가리기 위해 의도적으로 내놓는 대체 설명 – 옮긴이)를 만들어 왔죠. 이런 게임은 오래 이어졌습니다. 저는 그들이 이걸 전면적으로 공개할 거라고는 기대하지 않습니다. 오랫동안 이 일에 관여해 온 사람들 사이에는 '대중은 알 권리가 없다' 또는 '대중은 감당할 수 없다'는 시각이 비일비재합니다. 그들은 그렇게 생각하는 거죠. 하지만 저는 대중이 감당할 수 있다고 봅니다.

베기치: 마지막 질문입니다. 기꺼이 답할 분이 있으면 누구든 답해 주세요. 행정부 내에서 이 주제와 관련된 조직이나 책임 라인에 대해 어떻게 생각하고 계신지 설명해 주십시오. SCIF에서 답하길 원하시면 그렇게 하셔도 됩니다.

볼랜드: 법적으로 제가 답할 수는 있는데 의원님께서도 법적으로 그럴 자격이 있다면 가능할 것 같습니다.

냅: 제 생각엔 이런 프로그램은 행정부와 국가안보회의(National Security Council) 쪽에 속해 있는 것 같습니다. 몇 년 동안 증인들이 그렇게 말해 왔습니다.

의회는 요청할 수 있습니다. FOIA(정보공개법, Freedom of Information

Act)를 청구할 수 있고 국방부(지금은 전쟁부)에 요청할 수도 있습니다. 그런데 솔직히 그쪽에서 "우린 그걸 보유하고 있지 않다"고 말할 수도 있습니다. 실제로 없을 수도 있으니까요.

베기치: 감사합니다. 남은 30초는 오늘 제가 물어본 질문 중 추가로 하고 싶은 말씀이 있습니까?

냅: UAP라는 괴물을 건드리려는 위원회에 박수를 보냅니다. 이게 어쩌면 워싱턴 정가에서 유일하게 초당적 합의가 이루어지는 사안일지도 모르겠습니다. 좌파든 우파든 모두가 동의할 수 있는 문제 말이죠. 우리는 이제까지 여러 청문회를 지켜봤습니다. 정치 성향과 관계없이 모두가 같은 질문을 던지고 있고, 진심으로 답을 원하고 있어요.

루나 위원장님, 팀 버쳇 의원님, 그리고 이 문제에 계속 매진해 주신 다른 위원님들께 감사드립니다. 이전에도 의회에서 다루어진 적이 있지만 50년 동안 다시 묻혀버리기도 했습니다.

이 문제를 속속들이 파헤치려면 많은 시간이 걸릴 터이나 진실을 밝히려는 여러분의 노력에 경의를 표합니다.

루나: 감사합니다, 냅. 위원회 규칙 9C에 따라 …

벌리슨: 의장님, 의회 절차와 관련해서 질문 하나 드려도 될까요?

루나: 네, 물론입니다.

벌리슨: 이 소위원회는 소환장subpoena을 발부할 권한이 있습니까?

루나: 태스크포스(정식 소위원회가 아닌 UAP 문제를 위해 특별히 구성된 조사팀을 가리킨다-옮긴이)는 … 소환장은 전체 위원회를 통해야 합니다.

벌리슨: 알겠습니다.

루나: 아울러 면책권과 관련해서는 볼랜드께서 지적하신 것처럼, 우리는 SCIF에서 나와서 증언할 때 간첩법Espionage Act 등에 의해 처벌받지 않도록 일부 인원에 대해서는 면책을 요청하는 결의안을 진행할 예정입니다.

볼랜드: 감사합니다, 위원장님.

루나: 공지 차원에서 말씀드립니다. 태스크포스는 전체 소위원회가 아니기 때문에 일부 권한은 부여되지 않습니다. 아마도 원치 않는 사람이 있어서일 텐데 우회할 수 있는 방법은 저희가 계속 모색 중입니다. 위원회 규칙 9C에 따라, 다수당과 소수당은 증인들에게 추가 질문할 시간을 각각 30분씩 더 가지게 됩니다. 이의가 없으므로 그렇게 통보합니다. 시간 관계상 질문을 하려면 지금 손을 들어 주세요. 벌리슨 의원과 크레인 의원, 그리고 버쳇 의원이 추가로 질문을 한다고 하니 우선 질문 둘을 하고 벌리슨

의원에게 넘기겠습니다. 버쳇 의원, 질문 있으십니까?

버쳇: 네 있습니다.

루나: 버쳇 의원 다음에 크레인 의원 순으로 하겠습니다. 짧게 질의해 주세요. 냅, 시간 관계상 간단히 답해 주십시오. 러시아 '크래시 리트리벌(crash retrieval, 추락한 UFO/UAP를 회수하는 작전)' 문서 중 이미 공개된 것은 어느 정도입니까? 의회에 제출한 문서는 공개된 것과 공개되지 않은 비율은 대략 얼마 정도였나요?

냅: 아마 1퍼센트 정도일 겁니다.

루나: 알겠습니다. 그럼 나머지는 대부분 새로운 정보라는 뜻이군요?

냅: 네, 맞습니다.

루나: 그리고 한 가지 더 설명해 주시겠습니까? 앞서 '쓰렛 쓰리 threat Three 프로그램'을 언급하셨는데, 제가 어젯밤에 문서를 절반 정도 검토했습니다. 분량도 방대한 데다 저가 러시아어를 모르기 때문에 내용을 완전히 이해하지는 못했습니다. 그런데 이 '쓰렛 쓰리'라는 것이 … 소련 정부 내에서 실제로 이런 명칭으로 특정 조사를 실시한 프로그램이 있었던 건가요? 간단히 말씀해 주십시오.

냅: 문서에 기록된 일련 번호 중 하나입니다. 실제로는 더 큰 프로그램이 있었고 그 안에 세 개의 하위 프로그램이 포함되어 있었습니다. 제가 확인한 명칭이 '쓰렛 쓰리'였으며 이후 국방정보국 DIA 관계자들이 검토해보니 그보다 훨씬 큰 규모의 조직이 운영되고 있었던 것으로 나타났습니다.

루나: 그러면 그 명칭이 문서에 실제로 기재되어 있다는 말씀이시군요?

냅: 맞습니다.

루나: 네, 감사합니다. 자, 위원회에 요청드립니다. 앞서 벌리슨 의원이 틀어주신 영상을 다시 재생해 주시겠습니까? 현재 출석하신 증인 중에서 특히 감시 훈련을 받으셨거나 이러한 움직임을 식별할 수 있는 분께 질문하고자 합니다. 영상을 다시 재생해 주시기 바랍니다.

(영상 재생)

루나: 자, 누체텔리, "예" 또는 "아니오"로만 답변해 주십시오. 미국 정부가 보유한 무기 중에 헬파이어 미사일을 이렇게 쪼갤 수 있는 것이 있습니까?

누체텔리: 없습니다.

루나: 영상에서 보신 바와 같이 괴상한 젤리처럼 뭉개지고도 다시 비행하는 기체가 있습니까? 전혀 없습니까?

누체텔리: 네, 없습니다.

루나: 알겠습니다. 위긴스는 어떻게 생각하십니까?

위긴스: 제가 알기로는 없습니다.

루나: 좋습니다. 볼랜드는요?

볼랜드: SCIF(기밀보안시설)에서 논의하는 것이 좋겠습니다.

루나: 알겠습니다. 영상이 무섭다고 느끼셨습니까? "예"나 "아니오"로만 답해 주십시오.

누체텔리: 예.

루나: 위긴스?

위긴스: 예.

루나: 냅은요?

냅: 저는 좀 달랐습니다. 사실 영상이 공개되어 아주 좋았습니다.

보여주셔서 감사합니다.

루나: 호기심이 고양이를 죽인다고 하죠(괜한 호기심이 화를 부른다). 볼랜드는 어떻습니까?

볼랜드: 예, 저도 그렇습니다.

루나: 제 질의는 여기까지입니다. 이제 크레인 의원에게 발언권을 넘기겠습니다.

크레인: 감사합니다. 저는 해군에 잠시 복무한 적이 있습니다. USS 게티스버그에서 몇 년간 포병 보조로 근무했죠. 질문드리겠습니다. 해당 장면을 목격했을 때 전투정보센터CIC에 있었던 것이 맞습니까?

위긴스: 맞습니다. LCS 함정에서였습니다. CIC는 함교bridge에 위치합니다. ICC-1이라고 부르기도 하는데, 같은 장소입니다.

크레인: CIC에 있던 사람들도 당신이 목격한 것을 함께 보았습니까?

위긴스: 예. 우리 모두가 봤습니다. 저를 비롯해서 전술행동장교TAO와 센서/교전체계 운용자RCO, 그리고 당직 근무 중이던 다른 두 명까지요. 모두 같은 구역에 있었고 동시에 통합 디스플레이 시

스텝 화면을 보고 있었습니다.

크레인: 다른 증인은 혼자 목격한 사례가 여럿 있었는데, 볼랜드는 혼자 보았습니까?

볼랜드: 네, 맞습니다.

크레인: 누체텔리, 당신도 혼자 보았습니까?

누체텔리: 아닙니다. 밴덴버그에서는 모든 사례에 여러 명의 증인이 있었습니다.

크레인: 알겠습니다. 위긴스, 여러분이 목격한 대상에 대한 소문이 하루나 이틀 사이에 함정 전체로 속히 퍼졌습니까?

위긴스: 아닙니다. 함 전체로 퍼지지는 않았습니다. 다만 ICC-1 내부에서는 이야기가 돌았습니다. 교대 인수인계 시에 언급하기는 했지만 함교 근무자와 ICC-1 범위를 벗어나지는 않았습니다. 며칠간 그 범위 내에서만 회자되었습니다.

크레인: 의외네요. 보통 배 안에서는 소문이 빠르게 퍼지는데, 동료 선원이 듣지 못한 이유는 무엇이라고 생각합니까?

위긴스: 관심 부족일 수도 있고, 엔지니어나 전투시스템 담당자

들은 함교까지 올라올 일이 적은 탓에 해당 사건에 대한 소문이 도는 범위에는 들지 않았을 가능성이 있습니다.

크레인: 해군으로부터 영상을 입수하는 데 허가를 받는 절차가 까다로웠습니까?

위긴스: 영상을 직접 입수하지는 않았습니다. 저는 영상을 시청했을 뿐입니다. 영상을 본 후 갤로뎃 제독에게 연락했습니다. 그래서 처음 제독과 이야기를 나눌 때 해당 영상에 대해 알게 된 거죠. 영상 끝부분에는 제 목소리가 들리는데요, 제 자신이 사건의 목격자였다는 걸 확인하고 나서는 이를 공개해야겠다고 생각했습니다.

크레인: UAP는 얼마나 봤습니까?

위긴스: 레이더에서 식별한 시점부터 영상이 끝날 때까지는 대략 5~7분 정도였습니다.

크레인: 물체의 이동 속도는요?

위긴스: 제가 처음 좌현 함교 갑판에서 목격했을 때 그 물체가 물 밖으로 나오고 있었습니다. 처음에는 그냥 수면 위의 빛인 줄 알았습니다. 수평선 너머로 뭔가가 있는 것 같았죠. 그런데 그게 수면 위로 떠올라 공중으로 이동하는 걸 보고는 그제야 이건 공

중에 뜬 물체라는 걸 알았습니다.

저는 항공관제사이기 때문에 머릿속으로 체크리스트를 돌리기 시작했습니다. '헬리콥터일 수도 있지 않을까?' 하지만 깜빡이는 항행등이 없었습니다.

그래서 이건 제가 본 적이 없는 기체라는 것을 깨달았습니다. 수평선에서 고도 약 3,000~4,000피트까지 올라갈 때까지는 매우 천천히 서서히 상승했습니다.

그러고는 속도가 급격히 빨라졌습니다. 제가 육안으로 항공기의 정확한 속도를 프로처럼 측정할 수는 없지만 순간적으로 마하 1~2 정도로 가속해 나머지 편대와 합류한 것으로 보였습니다.

처음에는 다른 세 개의 물체를 확인하지는 못했습니다. 레이더를 다시 확인하고 사파이어(Sapphire, 통합 디스플레이 시스템)를 통해 재검증한 결과, 총 네 개의 물체가 있다는 것을 알게 되었습니다. 일정한 시간이 지난 후에는 모든 물체가 거의 순식간에 함께 사라졌습니다.

크레인: 그렇다면 시각적 관측이 먼저였나요, 위긴스? 아니면 레이더에서 먼저 탐지한 후 육안으로 확인한 것인가요?

위긴스: 레이더에서 먼저 탐지했습니다. 제 근무지라 ….

크레인: 그 다음에는 함교 좌현 쪽 발코니로 나가서 확인한 것이군요?

위긴스: 맞습니다. 레이더에서 포착한 것을 육안으로 확인하기 위해서였습니다.

크레인: 육안 관측 시 거리는 어느 정도였나요?

위긴스: 대략 7해리, 7~8해리 정도였습니다. 함정에서 확인할 수 있는 광원의 거리였습니다.

크레인: 알겠습니다. 감사합니다. 질문을 마치겠습니다.

루나: 이제 벌리슨에게 발언권을 드리겠습니다.

벌리슨: 감사합니다. 위긴스, 해당 물체가 바다에서 나왔다고 말씀하셨는데 맞습니까?

위긴스: 네, 맞습니다.

벌리슨: 그 이전에 물속에서 빛나는 물체가 있었던 것입니까?

위긴스: 그 점은 명확하게 구분하기 어려웠습니다. 19시 15분 정도였을까요. 야간인 데다 거리도 멀었기 때문입니다. 수평선 위의 물체인지, 물에서 부상하는 것인지 판단하기 어려운 상황이

었습니다.

개인적인 판단으로는 물에서 나온 것으로 보입니다. 다만 이를 시각적으로 명확히 입증할 증거는 없습니다. 가능한 시나리오를 하나씩 배제해 가며 추론한 것입니다. 예컨대 야간 수평선상의 선박 조명일 가능성을 검토했지만 물체가 수면에서 상승하는 것을 관측한 후에는 "비행체이고 드론 등이 아니라면 어디에서 기원했을까?"라는 의문을 갖게 되었습니다.

벌리슨: 냅, 당신의 증언과 문서에서 러시아의 핵미사일 발사 사건을 상세히 기술하셨죠. 당시 제3차 세계대전 직전까지 간 상황이었다고 들었습니다. 또한 RFK 파일 조사 중 알게 된 바로는 러시아와 미국 간에 민감한 지역에서 미확인 물체가 포착될 경우에는 서로 통보하기로 한 문서가 있었다고 합니다. 해당 문서에 대해 알고 계십니까?

냅: 네, 알고 있습니다. 당시 레이건 대통령과 고르바초프 간의 공개 발언도 기억합니다. "외부로부터의 위협이 있을 경우 양국이 어떻게 협력할 것인가"에 대한 논의가 있었습니다.

분명히 그런 대화가 있었고 우리가 미확인 비행체(또는 비행체 집단)를 탐지했을 때 이를 러시아의 미사일로 오인할 가능성을 줄이기 위한 합의가 있었던 것으로 알고 있습니다. 이런 형태의 정보 교환

이 정기적으로 이루어졌습니다.

벌리슨: 네, 이 문서의 신뢰성은 러시아가 이 사실을 공개하길 원치 않았으리라는 점에서 오히려 더욱더 부각된다고 봅니다. 대중이나 미국에는 자국의 미사일 시설에 취약점이 있다는 사실(UAP가 출몰한다는 사실)을 알리고 싶지는 않았을 겁니다. 동의하십니까?

냅: 전적으로 동의합니다. 우리 쪽 핵무기 기지에서도 비슷한 사건이 있었고 대부분은 은폐되었습니다. 긴장 상태에서 미사일 격납고 10곳이 동시에 무력화되는 일이 발생했는데, 이 원인을 보안장치의 특별 시험이나 EMP(전자기 펄스) 때문이라고 해명하는 것은 납득이 안 됩니다. 정말 섬뜩한 일이죠.

루나: 이제 오글스 의원에게 질문 기회를 드리겠습니다. 오글스 의원이 방금 돌아오셨네요. 라운드 형식으로 신속하게 진행하겠습니다. 5분 드리고, 그다음에는 원래 질의로 돌아가겠습니다.

오글스: 감사합니다. 청문회를 통해 분명해진 사실은 미국 영토나 영해에서 최첨단 기술이 작동하고 있다는 것입니다. 핵심 질문은 이것이 우리의 기술인가, 적국(러시아 등)의 기술인가, 아니면 지구 밖에 기원을 둔 존재인가 하는 것입니다. 현재로서는 명확한 정답이 없을 수 있지만, 청문회와 제출된 증거를 종합해볼 때, 미국 국민이 이 문제를 이해하는 데 도움이 되도록 단 하나의 증

거를 추천한다면 무엇을 선택하시겠습니까?

누체텔리: 하나만요? 이번 청문회를 비롯하여 첫 번째 청문회부터 차례로 보실 것을 권합니다. 단 하나의 증거로는 ….

오글스: 구체적으로 말씀드리자면 신뢰도를 크게 높여주는 특정 영상이나 문서가 있습니까?

누체텔리: 오늘 공개된 영상은 이 문제가 단순하지 않다는 점을 보여주는 매우 중요한 증거라고 말씀드리겠습니다.

오글스: 물리적인 움직임이 포착된 영상 말입니까?

누체텔리: 네, 맞습니다.

오글스: 위긴스는 어떻게 생각하십니까?

위긴스: 솔직히 말씀드리자면 미국 시민이 TV나 인터넷에서 지금까지 접한 모든 자료를 본다면 모든 기록물이 100퍼센트 다 가짜라고 단정할 수는 없을 겁니다. 어느 시점에서는 우리가 이해할 수 없는 무언가가 존재한다는 사실을 받아들여야 할 것입니다.

오글스: 덧붙이자면 수사기관도 조사할 때는 전체적인 정황을 보

고 모든 증거를 비교 검증합니다. 제 생각에는 의회 차원에서 이 여정은 이제 시작에 불과하지만 수십 년에 걸친 데이터가 축적되어 있습니다. 일부는 조작된 것일 수도 있지만, 상당 부분은 사실입니다. 루나 위원장 덕분에 이를 국민에게 공개할 수 있게 되었고, 벌리슨이 제시한 최신 영상은 모든 이에게 경각심을 불러일으킬 만한 자료라고 봅니다. 세 개의 구체가 하강하는 장면을 보셨을 때 방어적인 태세였나요, 공격적인 태세였나요? 구형 물체가 가진 능력 중 우리에게는 없는 것은 무엇일까요? 냅?

냅: 제가 초반에 말씀드렸듯이, 이 문제에 깊은 관심을 갖게 만든 것은 존재해서는 안 될 문서들, 즉 서류상의 증거였습니다. 수십 년 동안 우리는 "별것 아니다. 위협의 대상이 아니다. 평상시처럼 업무를 계속하라"는 말만 들어왔습니다. 그런데 정보공개법(FOIA)이 정착되자 그와는 완전히 상반되는 수천 페이지의 문서가 공개되었습니다.

예컨대, 1947년 네이선 트와이닝 장군이 작성한 메모를 말씀드리면 당시 수십, 수백 대의 UFO가 미국 상공에서 포착되었는데 그는 "이것은 환상도 허구도 아니다. 실제 사건다. 이것은 비행체로 우리 것일 리 없다. 우리가 보유한 어떤 것보다도 성능이 우수하다"라고 기록했습니다.

군 당국이 상황을 파악하고 FOIA를 통해 이 문서들이 공개될 수 있다는 것을 깨달아 상세한 기록을 남기지 않게 되기까지, 그들이 남긴 문서의 흐름을 추적해보면 정황은 아주 명확하게 드러납니다.

러시아 관련 이야기로 돌아가서, 벌리슨에게는 언급하지 않았던 사건이 하나 더 있습니다. 국방부 프로그램의 소콜로프 대령에 따르면 러시아가 UFO를 요격하기 위해 전투기를 출격시킨 사건이 40차례 있었고, 실제 사격 명령이 내려진 경우도 있었다고 합니다. 대부분 UFO는 도주했지만 조종사 셋이 실제 사격을 가했습니다. 그러자 세 대의 전투기가 모두 엔진이 정지되어 추락했고 그 과정에서 조종사 둘이 사망했습니다. 이 사건 이후 러시아는 작전 지침을 변경했습니다. "UFO를 발견하면 관여하지 마라"라고 말입니다.

어떤 국가도 자국의 영공에 정체불명의 비행체가 출몰하고 있음에도 아무런 대응도 할 수 없다는 사실은 인정하고 싶지 않을 겁니다. 누가 그런 말을 하고 싶겠습니까? 미국도, 러시아도 당연히 원하진 않았을 것입니다.

오글스: 시간이 거의 다 되어가는 것 같은데, 볼랜드, 간단히 한 말씀 부탁드립니다.

볼랜드: 솔직히 말해, 밥 라자르 Bob Lazar 사례를 언급하지 않을

수 없습니다. 사람들이 흔히 생각하는 이유와 달리 그가 신뢰를 잃었기 때문에 언급하려는 것입니다. 당국은 그가 주장한 곳에서 일한 적도 없거니와 그가 증언한 일을 한 적도 없다고 발표했습니다. 그럼에도 밥 라자르는 친구 몇 명과 비디오카메라를 가지고 사막 한복판에 가서 시험 비행을 촬영했습니다. 분명히 뭔가를 알고 있었던 것입니다.

오글스: 시간이 부족해 여기서 마치겠습니다.

루나: 고맙습니다, 오글스 의원. 이제 라이트닝 라운드(짧고 간결한 질의응답 시간)로 돌아가서 버쳇 의원, 벌리슨 순으로 진행하겠습니다. 버쳇 의원이 첫 번째입니다.

버쳇: 그래야죠. 마음속에는 1등이지만 순위표에서는 435등. 그게 저입니다. 볼랜드, AARO에 증언했던 걸 알고 있는데요 그들이 "외계 생명·활동·기술의 증거를 발견하지 못했다"고 밝힌 건 일부러 흐리는 건가요? 미국 국민에게 거짓말을 한 것은 아닌가요?

볼랜드: 앞서 말씀드렸듯이, 대중 인식을 조작하려는 행태입니다. "외계인에 대한 과학적 증거가 없다"는 발표는 표면적으로는 사실일 수 있습니다. 다만 그것이 실제로 일어나고 있는 상황이나 우리가 보유한 정보를 가장 정확하게 설명한 표현은 아닙니다.

버쳇: 혹시 더 의견을 말씀하실 분 계십니까? 냅, 뭔가 하고 싶은 말이 있어 보이는데요.

냅: 그건 말장난에 가깝습니다. "외계인의 증거가 없다"고 하는데, 그렇다면 그 증거라는 게 도대체 어떤 것을 말하는 겁니까? 크립토나이트 조각(슈퍼맨 세계관에 나오는 광물로 슈퍼맨을 무력화시키는 물질–옮긴이) 같은 건가요? 무엇을 원한다는 겁니까?

사실 우리는 다른 형태의 '비인간 지성체'를 거론하고 있는 건지도 모릅니다. 지배적인 인식은 그들이 우주 어딘가에서 날아와 우리가 상상할 수 없는 방식으로 광활한 거리를 건너왔다는 것인데, 반드시 그것이 정답일 필요는 없습니다. 그러니까 "외계인의 증거를 보여달라"는 질문 자체가 올바른 접근이 아닐 수도 있습니다.

우리는 그들이 어디서 왔는지 모릅니다. 확실히 아는 사람은 아무도 없죠. 그냥 '외계인'이라는 말을 임시방편으로 사용할 뿐입니다. 하지만 수년간 이를 연구해온 수많은 프로그램 전문가들이나, 저보다 훨씬 뛰어난 두뇌를 가진 사람조차도 확실한 답을 아는 이는 없었습니다.

버쳇: 맞습니다. 저는 해군 관계자들과 심해 지역에 대해 이야기해 봤는데, 그들 말로는 뭔가가 그곳에 있을지도 모른다고 합니다. 이미 여기에 와 있고, 언제부터 있었는지도 알 수 없다고 하

더군요. 또 한 가지 지적하고 싶은 것은, 우리가 '역공학(리버스 엔지니어링)'을 통해 이런 비행체들을 재현해 보겠다고 할 때마다 제가 하는 말이 있습니다. 저도 오토바이를 타고 다닙니다만, 메이플라워호를 타고 온 초기 정착민들에게 할리 데이비슨을 가져다줬다고 상상해보세요. 그들은 그걸 보석으로 보고 매일 닦기만 할 수도 있습니다. 어쩌면 시동은 걸 수도 있을 거예요. 하지만 수리는 불가능할 겁니다. 연료를 넣을 수도 없고 말이죠. 그런 능력이 전혀 없으니까요.

저는 우리가 정확히 그 수준이라고 생각합니다. 전혀 이해할 수 없는 것을 겉핥기식으로 다루고 있는 것이죠. 그래서 이렇게 오랜 시간이 걸리는 겁니다. 하지만 분명한 사실은 그 비밀을 처음 풀어내는 쪽이 모두를 독차지하게 된다는 것입니다. 이는 에너지이자 힘이며 모든 것이기도 합니다. 또한 그것이 악한 사람의 손에 들어간다면 일반 사람들에게는 숨겨질 것입니다. 이미 우리가 사용하는 에너지원에 막대한 이해관계가 걸려 있고 기득권층만 돈을 벌고 있기 때문입니다. 그들은 현 체제를 바꾸고 싶어하지 않습니다. 하지만 이 기술이 한번 인터넷에 퍼지기 시작하면 통제할 수가 없을 테니까요.

그래서 저는 지금도 이를 막으려는 움직임과 신뢰성을 떨어뜨리려는 시도가 만연해 있다고 생각합니다. 그들은 그저 손가락질을 하고 개들을 풀어 공격하게 만들죠. 정말 역겨운 일입니다.

냅: 대가도 따릅니다. 러시아와 중국도 이를 해결하려고 노력하고 있지만 그들에게는 낙인 따위를 찍는 법이 없습니다. 오히려 유능한 과학자 및 엔지니어들에게 "들어가서 연구하라"고 명령했습니다. 오랫동안 그렇게 해왔죠. 어쩌면 우리보다 앞서 있을지도 모릅니다.

반면 여기서는 최고의 과학자와 엔지니어가 이 분야에 뛰어들지 못하고 있습니다. "말도 안 된다"는 소리를 듣기 때문입니다. 그런 낙인은 그들 같은 사람들에게는 아주 현실적인 문제가 될 겁니다.

버쳇: 동의합니다. 발언을 마치겠습니다, 의장님.

루나: 감사합니다. 이제 벌리슨에게 발언권을 드리겠습니다.

벌리슨: 누체텔리, 냅이 러시아에서 미사일이 정지되거나 작동했다고 증언하는 것을 들었을 때 기지에서 벌어진 사건이 떠오르지 않았습니까?

누체텔리: 당연히 떠올랐습니다. 이런 사례는 정말, 정말 많습니다. 제 생각에는 60년대에도 뉴잉글랜드에서 비슷한 사례가 있었습니다. 똑같은 일이 일어났고요. 저고도에서—기지 경비대 위 약 200피트 정도 높이로—비행체가 기지 상공을 지나가면 전투기를 출격시켰습니다. 그런데 비행물체들은 그냥 날아가 버렸고

그런 일이 몇 주 동안 계속되었습니다.

역사 기록을 살펴보면 패턴이 있습니다. 이를테면 비행체들은 시설에 접근해서 자신의 목적을 달성하고 떠납니다. 하지만 우리는 어떻게 대응해야 할지, 시설을 어떻게 보호해야 할지 모르죠. 그래서 우리가 이 자리에 있는 것입니다.

벌리슨: 이런 사건을 다른 이가 목격했다는 보고를 처음 받았을 때 당신은 믿었습니까? 직접 보기 전에도 믿을 수 있었나요?

누체텔리: 수년간 함께 일해온 사람들입니다. 함께 배치되기도 했고 결혼식에도 몇 번 참석했습니다. 일상적으로 매일 함께 일하는 사람들입니다. 보통 사건이 발생할 때는 모두가 함께 있었습니다. 비행체가 접근했을 때는 근무 인원이 40명, 60명 내지 심지어는 100명인 적도 있었습니다.

벌리슨: 정말입니까?

누체텔리: 네.

벌리슨: 모두 동시에 본 것입니까?

누체텔리: 네. 이런 비행체는 우리가 근무 중일 때 찾아왔고 우리는 그동안 실시간으로 대응하고 조사했습니다.

벌리슨: 말씀하신 대로 작전이 매우 중요했다고요. 25년 만에 가장 중요한 작전이라고 했죠?

누체텔리: 맞습니다.

벌리슨: 여러분이 담당하던 연구 말이죠.

누체텔리: 특정 발사 임무는 발사대를 경비하는 공군 보안요원이 500명이나 배치되었습니다. 500명이었습니다. 그만큼 중요한 임무였죠.

벌리슨: 오.

누체텔리: 비행체가 나타났더라도 이를 막을 수 있는 수단은 전혀 없었을 것입니다.

루나: 다시 간단히 말씀해 주시겠습니까? 크기와 소리를 들으셨는지 궁금합니다. 얼마나 큰 것이었습니까?

누체텔리: 두 사각형 물체는 최소 미식축구장 크기 정도는 되었습니다. 두 번째로 본 것은 그보다 훨씬 컸다고 생각합니다. 말 그대로 '날아다니는 건물' 같은 크기였습니다. 그때 본 물체는 지름이 약 30피트(약 9미터) 정도였습니다.

루나: 혼자 본 것이 아니라는 점, 맞습니까?

누체텔리: 맞습니다.

루나: 또 한 가지 들은 것이 지역 경찰 기록에도 보고가 있었다고 하던데, 확인해 주실 수 있습니까?

누체텔리: 네. 원래는 사건 당시 확보해서 AARO와 FBI에 제출했던 문서입니다.

루나: 알겠습니다. 벌리슨, 더 질문 있습니까?

벌리슨: 없습니다. 다만 국민 여러분께 다시 말씀드리고 싶습니다. 여러분이 답답하시다면 저희도 그렇습니다. 정말 답답합니다. 지난 2-3년 동안 냅이나 대니 시한Danny Sheehan 같은 분들이 문제의 답을 찾기 위해 얼마나 많은 시간을 쏟았을지 상상만 해도 그렇습니다. 저 뒤에 계신 하임 에셰드Haim Eshed도 마찬가지입니다.

여러분께 보여드리고 싶은 것은 우리가 이 문제에 전념하고 있다는 점입니다. 우리는 끝까지 파고들 것입니다. 직접적인 권한은 없을지 몰라도, 루나는 그 누구보다 끈질긴 사람입니다. 저는 솔직히 그녀와 맞붙어 싸우는 상황은 만들고 싶지 않습니다.

그러나 말만 할 때는 지났습니다. 청문회도 열었으니 이제는 행동해야 할 때입니다. 버쳇의 내부고발자 보호법을 통과시켜야 합니다. UAP 공개법도 통과시켜야 합니다. 우리는 충분히 논의했습니다. 이제는 행동할 시간입니다.

루나: 고맙습니다, 벌리슨. 이제 크로켓에게 30분을 드리겠습니다.

크로켓: 저는 발언을 양보하겠습니다.

루나: 감사합니다. 이제 마무리하면서 오늘 증언해 주신 증인 분들께 다시 한번 감사드립니다. 마무리 발언을 위해 크로켓에게 넘기겠습니다.

크로켓: 발언은 양보하겠습니다. 다만 오늘 이 자리에 와주신 모든 분께, 그리고 이 문제에 끝까지 전념해주신 용기 있는 분들에게 감사드립니다. 용기는 전염된다고 믿습니다. 진심 그렇습니다. 지금 우리에게는 그 어느 때보다 더 큰 용기가 필요합니다. 그것이 UAP 문제든, 사람들이 두려워 자신의 목소리를 내지 못하는 정부 차원의 어떤 사안이든 말입니다.

미국 국민은 여러분 같은 훌륭한 공직자가 나서서 목소리를 내고 감시자의 역할을 하며 우리가 최대한 안전하게 지낼 수 있도록 해주기를 기대하고 있습니다. 이렇게 중요한 문제에 대해 초당적으로 청문회를 열어주신 데 다시금 깊이 감사드립니다.

4장 Chapter 4

폐회

루나: 감사합니다. 이제 마무리 발언을 하겠습니다.

UAP는 분명 이 공간 안에 있는 사람들만의 문제가 아닙니다. 제가 대표하는 플로리다 피넬라스 카운티, 탬파베이, 그리고 플로리다 전역에서는 많은 목격담과 보고 사례와 숱한 의문이 쇄도하고 있습니다. 저희만 그런 것은 아닙니다.

빅스 의원과 알래스카 대표단으로부터 들은 바에 따르면 이런 사례는 결코 독립된 사건이 아니라고 합니다. 그렇기에 UAP 이슈에 대한 조사가 필요하다는 이유는 충분합니다. 또한 슈필버거께 요청드리고 싶은 것은 버쳇이 발의한 내부고발자 보호법을 귀 기관에서도 검토해주시고 지지할 수 있을지 확인해 주시기 바랍니다. 저를 포함해 태스크포스에 가담한 많은 의원들이 서명할 것입니다. 크로켓을 비롯하여 오늘 함께한 민주당 의원들도 서명해 주시길 바랍니다. 우리는 이제 내부고발자들이 충분한 보호를 받아야 하며 볼랜드 같은 증인이 보복을 당하지 않도록 해야 한다고 생각합니다.

이제 별다른 이의가 없다면 모든 위원들에게 5일간의 입법 활동일 내에 추가 자료를 제출하거나 증인에게 보낼 추가 서면 질의를 할 수 있는 권한을 부여합니다. 더 이상 안건이 없다면, 이의 없으시면 ….

버쳇: 의장님, 짧게 한마디만 해도 될까요?

루나: 버쳇의 마무리 발언을 듣겠습니다.

버쳇: 이 문제를 용기 있게 맡아주신 간사님과 의장님께 감사드리고 싶습니다. 이건 다루기가 어려운 사안인 데다 자칫 모두가 비판을 받을 수도 있습니다. 하지만 이렇게 초당적으로 모여 청문회를 개최하고 진행했다는 사실 자체에 큰 의미가 있다고 봅니다. 여러분 모두의 용기에 감사드립니다.

루나: 별다른 이의가 없다면 태스크포스 회의는 이것으로 폐회하겠습니다.

2부 Part 2

Chapter 1 Opening Statements
Chapter 2 Q&A Session 1
Chapter 3 Q&A Session 2
Chapter 4 Closing (Adjournment)

Chapter 1 Opening Statements

Ms. Luna: Good morning and welcome to the hearing regarding UAP disclosures.

For too long, the issue of unidentified anomalous phenomena, commonly known as UAPs, has been shrouded in secrecy, stigma, and in some cases, outright dismissal. Today, I want to state clearly that this is not science fiction or creating speculation, this is about national security, government accountability, and the American people's right to the truth. I have spoken now to a number of whistleblowers from the military to include the infamous Eglin Air Force Base incident that occurred when myself and former Representative Matt Gaetz, as well as Representative

Burchett, followed up on a lead from multiple active duty Air Force pilot whistleblowers that alleged that the United States Air Force was covering up UAP activity at Eglin Air Force Base. We have heard from a number of whistleblowers, specifically military pilots, that the reason for not coming forward publicly is out of fear that speaking out would cost them their flight status and potentially their careers. This is unacceptable. We cannot protect our air spaces if our best trained observers are silenced, we cannot advance science if we refuse to ask questions, and we cannot maintain trust in government if we keep the American people in the dark.

Now, Congress has tried to fix this problem. Congress tried to create formal channels through the All-domain Anomaly Resolution Office, also known as AARO, and the Intelligence Community Inspector General for service members and officials to make disclosures. But the reality, the reports come in are often too brushed aside, slow-walked or met with skepticism rather than serious investigation. Recently, the former AARO director, known as Sean Kirkpatrick, attacked our witnesses and members on this committee. It should be noted that he's a documented liar and brings into question what his purpose at AARO really was if it was not to follow up on investigations and disclose his findings to members of Congress.

A former Deputy Assistant Secretary of Defense for Intelligence, Chris Mellon, described a report published by AARO that found no evidence that any USG investigation, academic-sponsored research or official review panel has confirmed any sighting of UAP-represented extraterrestrial technology. As the most error-ridden and unsatisfactory government report I can recall reading during after decades of government service, Mellon further noted that this was the first AARO report submitted to Congress without the Director of National Intelligence's sign-off, and seemingly excluded input from any scholars or experts who have studied or written extensively about this topic, as would normally be in any other case in this field. Mellon determined that this report failed to fulfill the congressional mandate under which it was required, omitted entire agencies with known investigations or activities related to UAPs, and omitted any discussion of efforts to hide classified or unclassified information about UAP. Such efforts were unaddressed by the report, despite the existence of agency records and investigations concurring with them, including those at U.S. Customs and Border Protection.

If we set up offices and oversight bodies only to let them become graveyards for testimony, or worse yet, ruses for pretending to investigate, when in actuality, there was no follow-up, then we are not doing our jobs. In recent months, Congress has also been presented with evidence that points to technologies that to our knowledge are beyond our current capabilities. It is our duty as elected representatives to follow the facts wherever they lead and to ensure that those facts are not buried under classification stamps or bureaucratic excuses. Let me be clear, whether UAPs represent adversarial technology, natural phenomena or something beyond current human understanding, Congress has a responsibility to investigate. If these objects are foreign in origin, then they pose a direct threat to our national security, and if they represent something unknown, they demand rigorous scientific inquiry, not ridicule, not secrecy and not silence. The stakes are very high.

Adversarial nations are not waiting for us to catch up, they are studying these phenomena as well aggressively, as multiple nations have also announced their own parliamentary investigations into this very topic. If we are to continue to hide information from ourselves, we risk strategic surprise. If we continue to ignore pilots and service members, as well as countless government whistleblowers, we risk losing their trust, and if we continue to shield the truth from the public, we risk eroding the very foundation of democratic accountability. This is why this hearing matters. This is not about fueling speculation, this is about demanding the basic transparency from the Department of Defense and the Intelligence Community and other military contractors. It is about asking the questions every American has the right to ask, what do we know, what don't we know, and why in a free society are we being told so little?

A major barrier to this committee's inquiry into UAPs has been the lack of cooperation and transparency from the Department of Defense and the Intelligence Community. In preparation for previous UAP hearings, the committee repeatedly asked the Department of Defense to allow members to view videos and files related to UAP incidences. Unfortunately, the Department of Defense notified the committee staff that due to the department's special access program rules, only members of the House Armed Service Committee, as well as the Defense Subcommittee on House Appropriations, also known as HACD, were allowed to be read in onto such programs. For a non-committee member to be allowed to view these documents and videos, individual members must be approved by the chairman and ranking member of both HASC and HACD. Independent SAP oversight has presented a consistent problem for Congress, as well as program budgets are classified. Additionally, oversight reporting to Congress is classified and only provided to the Authorizing and Appropriations Committees of Jurisdiction.

The American people are not fragile, they do need to be shielded like children from reality. What they cannot tolerate and what they will not forgive is a government that withholds the truth and punishes those who dare to speak up. I want to close with this. Future generations will look back at this moment and ask what we did when presented with the unknown. Did we look away, embarrassed or afraid, or did we pursue the truth with courage? I intend to be on the side of the truth, transparency and accountability, and I hope my colleagues on this task force will be able to do the same. To quote a few elected officials, Senator Schumer has stated, "Multiple credible sources allege a constitutional crisis over UFOs." Senator Rounds has stated that these are "brilliant individuals" and they're "not making this stuff up." And our current Secretary of State, Marco Rubio, has stated, "very high clearances and high positions within our government" in regards to these whistleblowers. Senator McConnell also described these whistleblowers as "sane" and "credible."

And the witnesses today are not alone. In fact, they're far from it. In fact, 34 senior military government and intelligence officials have broken their silence. This includes now-Secretary of State, Marco Rubio, Senator Rounds, Senator Gillibrand, General Jim Clapper, the former director of the government's UAP task force, the former Head of Aviation Security for the White House National Security Council, the former Secretary of Defense, and many more. Again to quote Secretary of State Rubio in an upcoming documentary, known as The Age of Disclosure, "Even presidents have been operating on a need-to-know basis that begins to spin out of control." And to quote Senator Gillibrand, who also went public in this documentary, "It's not acceptable to have secret parts of this government that no one ever sees." It's time for the fundamental truths of UAP to be revealed to our nations, leaders and the public. It's time for the US government to exercise transparency. And with that, I yield to Ranking Member Crockett for the opening statement.

Ms. Crockett: Thank you so much, Madam Chair.

At a time of increasing distrust in government, it is important for Congress to take action to restore the government's credibility. Bringing transparency to an issue of great public interest is a step toward doing just that. So I thank Chairwoman Luna for calling this bipartisan hearing to discuss unidentified anomalous phenomena, or UAP, which is today's term for what was commonly known as UFOs, unidentified flying objects. And while some people think of flying saucers when they hear these terms, it is vital that we focus on the real-world impact of UAPs on critical infrastructure, civilian safety and national security. There is good reason to believe that most UAPs have origins far closer to home. Currently, NASA has not found any evidence that any UAPs have an extraterrestrial origin. Our adversaries are working to develop new capabilities to gain military advantages, and those efforts are likely explanation for the mysteries that we have observed.

Nevertheless, the federal government has a responsibility to the American people to investigate and provide transparent disclosures about every incident. The federal government is equally obligated to protect those who report what they've seen, especially to commanding officers and supervisors, and Congress should do everything in its power to protect whistleblowers and conduct oversight of agencies that are failing to provide that protection. Democracy depends on transparency, and transparency often relies on the courage of individuals willing to risk their careers, reputations, and in some casess, their personal safety, to tell the truth. So I look forward to hearing from the witnesses today, we should welcome their accounts and acknowledge the bravery they have shown to come before us. We must ensure that all whistleblowers feel that they can come to Congress to tell their stories without fear of retaliation or professional consequences. We need transparency not just to make better policy, but also to ensure that information flows between all those who need it.

There are too many tragic examples in our history where information lapses and a lack of cross-agency coordination led to disaster. Just this year, failure to communicate between FAA and the Department of Defense led to tragedy over the Potomac. The Biden-Harris administration sought to eliminate some of these lapses when it established the All-domain Anomaly Resolution Office at the Department of Defense. AARO can convene sources from all branches of military, the FAA and NASA to combine forces to create a comprehensive picture of what is happening in our skies. Some UAP reports have perfectly normal explanations, satellites, consumer drones, weather balloons, even pranks. But we need to track down each and every single UAP. The United States has millions of eyes in the sky, both electronic and human, but only the combination of civilian, commercial and military sources can begin to create a complete picture. So we need to ensure that people can come forward and report what they have seen to the relevant authorities, and they have to have the right to do so without fear of retaliation.

This country has a history of dedicated public servants standing up for what is right, even in the face of potential consequences. From the Pentagon Papers to Watergate to torture programs, whistleblowers have not only informed the public, but also empowered Congress to fulfill its constitutional duty of oversight. Past Congresses have written laws to grant legal protection for whistleblowers, and it is up to us to work responsibly with all sources to hold the executive branch accountable. We are here today to listen to the stories of those who have witnessed events of interest to the American people, and to support the policies that cultivate an environment that welcomes and protects whistleblowers. I hope this hearing will be an example of the respect and protection whistleblowers deserve, and the importance of conducting oversight of the federal government. I yield back.

Ms. Luna: I am pleased to welcome the panel of witnesses for today's hearing. I'd first like to welcome Mr. Jeffrey Nuccetelli. He's a United States Air Force veteran and a career federal employee, with more than 20 years of experience in national security, law enforcement and public administration. Next, we have Mr. Alexandro Wiggins. Mr. Wiggins is currently serving as a senior chief operations specialist in the United States Navy. Mr. Wiggins is testifying in his personal capacity today and not on behalf of the United States Navy. Next, I would like to recognize the gentlewoman from Nevada, Representative Titus.

Ms. Titus: Thank you very much, Madam Chairman, ranking members, for allowing me to sit with you on this panel today. I'm honored to be able to introduce a witness here who is from my district, George Knapp, who has been the definitive expert and reporter on this topic that you're exploring today, UAPs or UFOs. George is a long time friend, I'll say that upfront, but a very respected journalist and a recognized expert in this field nationally and internationally.

Just a little something about George, he came to Las Vegas in 1979 and joined KLAS television station as a general assignment reporter in 1981. Since 1995, he's been the chief investigative reporter for that channel. He also hosts a national radio show you can listen to on Coast to Coast AM, which covers many of the paranormal topics that y'all are discussing. Over the years, George has been, as I said, recognized for his work. He's been honored with the Peabody Award, the DuPont Award, the Edward Murrow Award, and 27 different regional Emmys for his investigative reporting. Indeed, he has told Nevada's story with clarity, with objectivity and with integrity, so I know that his testimony today is going to be of great interest and value to this committee, so thank you very much.

Ms. Luna: Next, we have Mr. Dylan Borland. Mr. Borland is a United States Air Force veteran and has a long career in federal service. And finally, I'd like to introduce Mr. Joe Spielberger, a senior policy counsel at the Project of Government Oversight.

Pursuant to committee rule 9G, The witnesses will please stand and raise their right hand. Do you solemnly swear or affirm that the testimony that you're about to give is the truth, the whole truth, and the nothing but the truth, so help you God? Let the record show that the witnesses answered in affirmative. Thank you, you may take your seat.

We appreciate you being here today, and I look forward to hearing your testimony. Let me remind the witnesses that we have read your written statements, and it will appear in full in the hearing record. Please limit your oral statements to five minutes, but I understand you have a lot to get through, so if it goes a little over, don't worry about it. As a reminder, please press the button on the microphone in front of you so that it is on and the members can hear you. When you begin to speak, the light in front of you will turn green. After four minutes, the light will turn yellow, and when the red light comes on, your five minutes have expired and we will ask you to please wrap it up. I now recognize Mr. Nuccetelli for his opening statement.

Chapter 2 Q&A Session 1

Mr. Nuccetelli: Good morning. Thank you, Chairwoman Luna, Ranking Member Crockett, and members of the task force for giving us the opportunity to testify today.

My name is Jeffrey Nuccetelli. I'm a former military police officer with 16 years of active duty service in the US Air Force. I'm here today because the American people have both the right and the responsibility to know the truth about unidentified aerial phenomenon. That truth remains hidden, classified and silenced by fear, retaliation, stigma and confusion. Today, we are here to help break that silence.

Between 2003 and 2005, five UAP incidents occurred at Vandenberg Air Force Base, home to the National Missile Defense Project, a top national security priority. At the time, we were conducting launches deemed by the National Reconnaissance Office as the most important in 25 years. These were historic launches. These facilities were vital, and they were repeatedly visited by UAP. Each incident was witnessed by multiple personnel, documented, investigated and reported up the chain of command. We sent information up, but we got no guidance down on how to handle these events. I personally witnessed one of these events and investigated others as they occurred. Six other service members have provided me with the information that I will share with you today.

The incursions began on October 14th, 2003, when Boeing contractors reported a massive glowing red square silently hovering over two missile defense sites. After several minutes, it drifted further east onto the base and vanished over the hills. This event, now known as the Vandenberg Red Square, was referenced by Representative Luna at the first hearing on this topic. Official Air Force records of this event are in possession by AARO and the FBI. Later that night, while I was on duty, security guards at a critical launch site reported a bright fast-moving object over the ocean. I responded to the incident. Chaos ensued over the radio as the object approached rapidly. I heard my friend screaming, "It's coming right at us, it's coming right for us, and now it's right here." Moments later, I heard them say that it had shot off and was gone. When I arrived on scene, I talked to five shaken witnesses who described a massive triangular craft, larger than a football field, that hovered silently for about 45 seconds over their entry control point before shooting away at impossible speed.

About a week later, another patrol reported a light over the ocean behaving erratically. Believing it might be an unannounced aircraft, they declared an emergency and an armed response force responded. Before the forces could arrive, the object descended and either landed or hovered on our flight line, and then took off again at impossible speed. The witnesses to this event were threatened and intimidated afterward. They were told to keep quiet and think about what they were reporting. After that, things did get quiet, until about 2005, when another patrol reported a massive triangular craft, larger than a C-130, silently floating over the installation. He watched it for a few minutes, it traveled west and disappeared into the night.

And then, I had my own encounter, again in 2005. I was off-duty, sitting in my backyard with two other police officers, when we noticed what first appeared to be a satellite in orbit. But it wasn't acting like a satellite. The light was strange, it was pulsing, and then it started to maneuver. It dropped in elevation. At times, it would vanish from view and reappear in a different location in the sky. And eventually, it reappeared 200 feet over my house. It was a 30-foot diameter sphere of light. My friends and I watched it for a moment, and then it gently accelerated and traveled up and disappeared into the stars. These events profoundly changed my life and the lives of my friends.

We stand at a pivotal moment in history. The question is no longer whether these events are real, but whether we have the courage to face them. True leadership requires vision, a willingness to confront the unknown with transparency and resolve. So I ask the Congress to help we, the people, enact this vision. There are three goals, fund independent research and treat UAP study with the same seriousness as we would any other scientific field. Two, end secrecy and over-classification. Transparency is the foundation of truth. Without it, witnesses like us are dismissed. Three, protect the witnesses. Many stayed silent out of fear for their careers, reputations and the safety of their families. Protect them, and you will embolden others to join this cause. These phenomenon challenge our deepest assumptions about reality, consciousness and our place in the universe. Exploring them can unlock transformative breakthroughs in technology, biology and human understanding. Let this be the moment when America chooses courage over fear, transparency over secrecy, and progress over stagnation. Let's show the world that our nation leads not only through strength, but through fearless pursuit of the truth. Thank you.

Ms. Luna: Thank you, Mr. Nuccetelli. I now recognize Chief Wiggins for his opening statement. Please press your button.

Thank you.

Chief Wiggins: Good morning, Chairwoman Luna, Ranking Member Crockett and members of the task force and the committee. Thank you for the opportunity to testify today. My name is Alexandro Wiggins. I'm an active duty US Navy operations specialist senior chief petty officer, father of three and dedicated American, testifying today in my personal capacity. The views I share are my own and I do not represent the official positions of the department of the Navy or any subordinate organization.

On the evening of February 15th, 2023, at approximately 19:15 PST in the Whiskey-291 warning area off the coast of Southern California, I was serving on board USS Jackson. During that period, I moved between the interior communication center, ICC-1, and the bridge wing, correlating the sensor picture with visual observations, part of my routine responsibilities for surface and air picture management. What I observed and what our crew recorded was not consistent with conventional aircraft or drones as they appear on our system. A self-luminous Tic Tac-shaped object emerged from the ocean before linking up with three other similar objects. The four then disappeared simultaneously, with a high synchronized, near instantaneous acceleration. I observed no sonic boom and no conventional propulsion signatures, no exhaust plume, no control surface articulation on the Sapphire image system. Shortly after the synchronized departure, radar tracks dropped. These observations were multi-sensor and recorded inside of ICC-1, with time location overlay visible in our source frames that have been made public by journalists. From my experience operating in this region over many years, and consistent with our public characterized encounters, unidentified objects reoccur in United States operation areas off Southern California. That fact alone does not tell us what they are, but it does argue the systematic stigma-free reporting and for the preservation of sensor data so analysts can evaluate safe and intelligence implications with rigor.

I want to underscore three points for the task force and the committee. Aviation and maritime safety. When crews and watchstanders observe objects that maneuver or accelerate in ways that does not match known profiles, and do so near our ships and aircraft, that is first and foremost a safety issue. Standardized checklist and training should ensure we capture the best possible sensor data in real-time, including IR settings, slant range estimates, and bearing and range altitude snapshots, and immediate chain of custody for any recordings. Reporting without stigma, protection without retribution. Sailors need to know that reporting UAP encounters will not harm their careers. Congress can help by reinforcing witness protection and by directing the relevant office to maintain confidential de-stigmatized channels for service members who step forward with data. Declassification and transparency where possible. The task force declassification mission is directly relevant here, where operational security permits releasing metadata-preserved sensor excerpts, or at least technical summaries, would improve public trust and accelerate outside scientific scrutiny. That includes, when feasible, the time/geo reference IR frames and radar parameters needed for independent analysis.

To be clear, I'm not here to make claims beyond my lane. I'm here to provide a first-hand account of what I saw, what our systems recorded, and why it matters for safety, for intelligence and public confidence. My request to you is practical, help us capture, protect, fairly evaluate the evidence, and provide a safe pathway for those in uniform to report it. In closing, I want to thank the committee and the task force for holding this hearing and for placing this discussion in a forum where evidence can be examined carefully and openly. I appreciate your attention, and stand ready to answer your questions. Thank you.

Ms. Luna: Thank you, Chief. I now recognize Mr. Knapp for his opening statement.

Mr. Knapp: Good morning, Chairwoman Luna, Ranking Member, Ms. Crockett, and members of the task force, and Dina Titus, I just knew we were going to get you involved in this topic at one point, great to see you here.

I'm George Knapp, chief investigative reporter at KLAS-TV in Las Vegas. I began my pursuit of this weird mystery way back in 1987, and for 38 years, I've always approached this as a news story. It's not a matter of faith or belief to me, it's a story and it's an important one. I'm proud to be here alongside these witnesses today, men who have seen strange things and stepped forward to tell the world about it. Whistleblowers and witnesses who step up are routinely insulted, belittled or worse. They risk their reputations, their careers, their clearances, their livelihoods, and sometimes much more than that, even their freedom. I know that one of the goals of the task force here is to figure out ways to protect whistleblowers and witnesses, and it's a tall order, because so many of the things that happen to witnesses like these are extra-legal. They're carried out by persons unknown, as Mr. Dave Grusch, sitting up at the top of the room, knows all too well, including events in recent days that have happened to him.

I want to share a couple of things that I've learned along the way on this long journey, and I submitted most of that in written form, because I estimate that my statement here today would take about four and a half hours, so I'm going to try to jump over and touch on the more important, salient points. I submitted the detailed written statement for the record, and we'll go into a lot of that here. But the public has been told over and over since the late '40s, there's nothing to worry about here. These mysterious craft seen by millions of people in the skies, in the oceans, over the land, are not real, they're not a threat. The witnesses are wrong, they're crackpots, don't believe it.

That changed for me. What got me hooked is the paper trail, documents that were squeezed out of the US government after the FOIA, Freedom of Information Act, became the law of the land, and those documents paint a much different picture than what the public, the press and Congress have been told over many years. The documents from military and intelligence personnel behind closed doors admit that, quote, "These things are real. They're not fictitious. They can fly in formation, they're evasive, and they outperform any aircraft known to exist, including ours." The public, of course, as I said, has been told something much different.

Back in 1989, I reported about a guy named Bob Lazar, who claimed that he worked at a facility dubbed S4 out in the Nevada desert, very near to Area 51. He said he was part of a reverse engineering program. He said there are alien craft that were being taken apart to figure out how they operated out there, and that was a pretty tall order, I had clearly taken a dive into the deep end of the pool there. But in the years since then, I've interviewed dozens of other people and I've detailed what their testimony has been in the written statement.

They include Senator Harry Reid, Senator Howard Cannon, also of Nevada, a guy named Al O'Donnell, who was the first general manager of EG&G in Nevada, which managed the Nevada test site which blew up hundreds of nuclear weapons. There was a guy named Dr. James Lacatski, who was a career scientist with the Defense Intelligence Agency, who was the guy who initiated a program called AAWSAP, Advanced Aerospace Weapon Systems Applications Program, which is, as far as we know, the largest acknowledged UFO program ever funded by the US government, which put together an amazing pile of information that members of this committee and the world, most of which they have never seen, the DIA still hasn't released 95% of what was prepared by that program at a cost of millions and millions of dollars. The one name I do want to bring up in this session though is Robert Bigelow. So looking into the idea of crash retrievals and reverse engineering while AAWSAP that program was active, the DIA's contractor, Robert Bigelow of Las Vegas made a bold attempt to acquire physical proof of UFO crashes.

It's been widely reported and suspected that Lockheed Martin is one of the contractors, the defense contractors that has held this stuff, stored it away in secrecy and tried to figure out how it works.

I have confirmed on the record that Robert Bigelow and a trusted colleague from AAWSAP met with and negotiated with senior executives at Lockheed Martin and hammered out a deal wherein Bigelow's company would receive a quantity of unusual material that had been stashed away and protected at a facility in California. That material was not made here.

I want to move on now to the Russia files because that was going to be the central impetus of what I was going to talk to you about today. Back in the early '90s, I got into Russia, met with a number of their defense officials, Ministry of Defense, and others who confirmed for me that Russia had been doing the same thing that the United States had been doing. That is secretly studying UFOs while publicly saying something completely different. The documents and interviews that I obtained and have now shared with this task force show that the USSR launched what is almost certainly the largest UFO/UAP investigation in the world.

The first phase of that was an order was sent out to the entire USSR military empire that every unit, you see anything strange in the sky, a craft, an orb, something unusual, you had to gather all the evidence, collect testimony from the witnesses, look for physical evidence, and all of that information went into one program at the Ministry of Defense. Thousands and thousands of these reports came in.

A lot of them were first routed to the KGB, but then back to another program that came after this collection effort called Thread Three. And Thread Three was an analysis program we provided to the committee the documents of what they were trying to do and essentially they were trying to build their own UFOs. They were using the information from their observations and studies to try to figure out that technology. The guy who was in charge of that program, Colonel Boris Sokolov, told me that their goal was to basically develop technology that would be superior to anything we had based on what they learned from UFOs.

Ms. Luna: Mr. Knapp, just in the name of time-

Mr. Knapp: Sure.

Ms. Luna: … to my understanding, did you have anything you wanted to submit for Congress to see in this committee?

Mr. Knapp: I have submitted those documents. There's-

Ms. Luna: Would you like to play any videos? Do you have a video that you would like to play?

Mr. Knapp: I don't think it's for me to play it.

Mr. Spielberger: No, that was for Alexander.

Mr. Knapp: Alexander's video. You can play it. He could narrate it.

Ms. Luna: Okay. We can in the name of showing that video to everyone on the task force, we'd like to play that video at this time.

Mr. Knapp: Sure.

Speaker 1: You call it the BVSS team.

Speaker 2: 20,008 feet.

Speaker 3: That ship took off earlier.

Ms. Luna: If we can get rid of the audio real quick. Mr. Wiggins and Mr. Knapp, we'll get back to what that video was in a moment, but we just want to make sure that it was entered into the record as well as all the documents. Those will be able to be publicly found for everyone in the country to view.

If we could Mr. Knapp, we'll continue on the line of questioning, but I'm going to move on to Mr. Borland's opening statements.

Mr. Borland: Good morning members of the task force on the committee. I would like to express my gratitude for being invited to testify to the current task force created under the people's chamber and the American public. As an American citizen veteran and intelligence community professional, it is an honor and a privilege to serve under oath before you on behalf of our country. I speak for myself and no former agency or company I have been previously affiliated with. My name is Dylan Borland, a former 1N1 Geospatial Intelligence Specialist for the United States Air Force and in active duty in listed capacity from 2010 to 2013. I've also been employed with BAE Systems and Intrepid Solutions as a senior analyst, expert in analyzing video radar and advanced electro-optical imagery for official identification of aerial order of battle, as well as naval and ground order of battle.

I'm a federal whistleblower having testified to both the ICIG and AARO with direct firsthand knowledge of and experience with craft and technologies that are not ours and are reportedly operating without congressional oversight. Because of my direct knowledge of the reality of certain legacy UAP programs, my professional career was deliberately obstructed and I have endured sustained reprisals from government agencies for over a decade. From 2011 to 2013, I was stationed at Langley Air Force Base Virginia conducting 24-hour operations via manned and unmanned aerial vehicles for Special Operations Forces in the global war on terror.

During the summer of 2012, my team was on standby for weather and I returned to my barracks on base and at approximately 01:30 I saw an approximately 100 foot equilateral triangle take off from near the NASA hangar on the base. The craft interfered with my telephone, did not have any sound, and the material it was made of appeared fluid or dynamic. I was under this triangular craft for a few minutes and then it rapidly ascended to commercial jet level in seconds displaying zero kinetic disturbance sound or wind displacement.

Some years after that experience, I was further exposed to classified information from the UAP Legacy Crash Retrieval programs through a sensitive position I held within a special access program. During this time, intelligence officers approached me in fear for their own careers, citing misconduct within these programs and similar retaliation that I was already enduring at this time.

These issues include medical malpractice committed by Veterans Affairs staff, denial of work I performed while enlisted in the United States Air Force, forged and manipulated employment documents, workplace harassment, including colleagues being directed to not speak with me, manipulation of my security clearance by certain agencies blocking, delaying, and ultimately removing my ability to be employed within the IC. The retaliation I faced and the retaliation against individuals I know who worked in these programs is what convinced me in March, 2023 to become a whistleblower. I came forward out of concern for people's lives and to ensure I did everything I could to let our elected representatives know the truth about what is really happening in the Executive Branch.

At the end of March, 2023, I agreed to meet with AARO following the suggestion of other federal officials believing it was what our nation required of me. I had reservations with AARO due to assessments they were reporting publicly at the time as a misrepresentation of the truth. Because of these concerns, I did not share sources and methods information in order to protect current and formal federal personnel who had firsthand exposure to technologies of unknown origin. I did not want anyone to face further retaliation beyond what they had already endured. And unfortunately a staff member ended up getting in some trouble because of that.

After David Grusch testified under oath in the summer of 2023 and provided historic disclosure, I was then asked to go to the ICIG and did so in August, 2023. It was very clear early on during my intake interview, which was video recorded under oath that the objective was to solely assess how much I know and not move forward with an investigation with new information I provided them.

The aftermath of that IG complaint still troubles me to this day. Since my ICIG complaint, I've been prevented from assuming prior employment and can confirm I'm still blacklisted from certain agencies within the intelligence community. In addition, multiple agencies attempted phishing attacks to assess what I had divulged to the Inspector General, including being asked to disclose details of my ICIG complaint during a CI polygraph or a position unrelated to UFO UAP matters as recently as November, 2024.

As I sit before today, I and many other whistleblowers have no job prospects, no foreseeable professional future in a nation every single one of us came forward to defend. Numerous individuals have come forward in various ways to reveal the truth of the UAP reality as patriots and defenders of our nation, yet many feel discarded, isolated, hopeless, separated from the country they serve. Efforts to rectify this situation for all whistleblowers have been difficult and troubling, and to my fellow whistleblowers and officials who know this information I offer you my apology, something that I have never gotten and I'm giving it to you.

I swore an oath to the Constitution of the United States, an oath that demands truth and transparency for our democratic republic to function. Each day, these truths remain hidden from our citizens, humanity drifts further from the principles our nation was founded to uphold. Each day victims of crimes committed by agencies and companies maintaining the secrecy are denied justice is another day our constitution is shredded.

In 2023, patriots provided this committee and the executive branch with undeniable proof of the UAP reality, and I commend your continued commitment. The future of humanity is one which we either travel to the stars or regress to the Stone Age with this technology. My career has been to deliver critical information to decision makers. Your role as elected by your representatives is to act on it. The time to act is now. Thank you.

Ms. Luna: Mr. Borland, thank you for your service to our country and we appreciate you. And we are sorry about how you've been treated and we will make sure that we try to rectify that situation.

Mr. Borland: Thank you ma'am.

Ms. Luna: Mr. Spielberger, please your opening remarks.

Mr. Spielberger: Chairwoman Luna, Ranking Member Crockett and Task Force members, thank you for the opportunity to testify here today about the importance of strengthening whistleblower protections, especially in the context of national security. I'm a senior policy counsel at the Project on Government Oversight, a nonpartisan, independent watchdog organization that investigates and exposes waste, corruption, abuse of power, and when the government fails to serve the public or silences those who report wrongdoing.

Whistleblowers are the first line of defense to root out waste, fraud, abuse of power and corruption in our government. Congress relies on whistleblowers so that it can fully exercise its oversight and legislative authorities. It's understandable that former presidents of both parties have often taken a hostile approach toward whistleblowers. Their disclosures can embarrass the president and their political party or even lead to a national scandal, but whistleblowers continue to play a vital role during both Democratic and Republican administrations.

They help Congress and the public identify and understand what government corruption looks like, their disclosures, fuel investigations, and allow us to address wrongdoing and hold those responsible to account. That's why historically there's been a strong bipartisan consensus in Congress to support and protect whistleblowers. Doing so protects the country and ensures our government is more responsive and accountable to the people.

National security whistleblowing in particular is a tradition going back to the founding of our country. And over time national security whistleblowers and their disclosures have impacted some of the most fundamental issues and questions about how we wish to be governed and how our government can better serve its people. From the role the U.S. plays around the world to holding powerful actors accountable, government ethics and transparency, human rights and civil liberties, Executive Branch authority, First Amendment Freedom of Speech and Dissent, Freedom of the Press and the public's interest and right to know.

Despite this invaluable public service blowing the whistle comes at great personal risk, whistleblowers risk losing their jobs, careers, livelihoods, and reputations. They can face retaliatory investigations, lawsuits, and even serious criminal charges, and they can endure deep, mental, emotional, and psychological harm. All of that risk to speak the truth, to ensure that agencies fulfill their core missions and that they serve the best interests of the people.

Those who retaliate against whistleblowers don't just violate their legal rights, they inflict real harm on our government and betray the public's trust. Targeting whistleblowers instead of the corruption they expose wastes agency resources and further allows that corruption to continue unaddressed. It can instill a chilling effect across an agency, fostering a climate of fear and distrust, quieting dissent and Free Speech and deterring potential whistleblowers from coming forward in the future.

Whistleblowers are often some of the most dedicated and principled public servants we have because of their willingness to put themselves on the line to do what's right, and Congress has historically supported them again on a bipartisan basis, but unfortunately, whistleblowing has increasingly become more politicized with support for whistleblowers often hinging on which party is in power and which party is politically inconvenienced by the misconduct being exposed. But to be clear, targeting whistleblowers individually risks undermining whistleblowing period.

POGO advises members of Congress on both sides of the aisle to focus on the evidence, not the individual. We will always need whistleblowers to achieve the government that best serves its people because when people of conscience, integrity and good character refuse to speak up out of fear, complacency or self-preservation and leave corruption to fester behind closed doors, that is probably the most dangerous risk of all. If we are serious about increase in government transparency and restoring the public's trust, we need public servants committed to the truth.

Whistleblowers need safe and effective channels to make lawful disclosures. They need stronger protections against retaliation, and when they do face retaliation, they need a fair shot to be made whole. Congress has made strides to pass whistleblower legislation and these laws need to be updated and expanded so that whistleblowers truly receive the protections they need, retaliators are held accountable and we can achieve the type of government that people deserve. We strongly urge Congress to continue its historic tradition of championing the rights and protections of all whistleblowers.

Thank you again for the opportunity to testify here this morning. POGO is committed to working with you and the Oversight committee to address these critical issues. I look forward to any questions.

Chapter 3 Q&A Session 2

Ms. Luna: Thank you, sir very much. Additionally, without objection, the following members are waved onto the task force for the purpose of questioning witnesses at today's hearing, Representative Perry of Pennsylvania and Representative Grothman of Wisconsin. Sorry, what did the ... Representative Biggs from Arizona. I already got you, but yeah, we're good. Without objection so ordered I now recognize myself for five minutes of questioning. Also as my friend Mr. Moskowitz might have to go, would you like to go now? Okay. All right.

Mr. Borland, in your testimony you describe witnessing large triangular craft while stationed at Langley Air Force Base in 2012. Can you explain what you observed in terms of size, behavior and why you're confident it was not conventional technology?

Mr. Borland: Great question, ma'am. On barracks on the base, I lived in the barracks, there was a little smoke pit outside. I was there on the telephone and looking across to the flight line and I see a white light pop up and stop about 100 feet in the air. I thought it was a weather balloon. I've seen tests from there before. Weeknight, normal thing, not surprising. I actually finished my cigarette and I began walking up towards the flight line. There is a track, and because I was on three months of night work, I would walk the track at night when we were weathered down. And as I began walking towards the light towards the flight line and the track, the light then flies across the base across the flight line and as it flies to me, a triangle manifests around the light. I can't tell you if it's active camouflage, I can't tell you if it appeared around the light, but I can tell you that it was a white light and then it was a triangle.

It stopped about 100 feet in front of me and approximately 100 feet above me. My telephone got extremely hot, completely froze dead. I remember how thick it was. It was between one to two stories thick, equilateral triangle. I could never see the top of it. And the edges were 90 degrees. There were four lights in total, one light on each corner and a larger light in the center, two to three times the size of the corner lights. But what was really odd was the outside, the best way to describe it is looking at a James

Webb Telescope picture where you have the colors and then the black background. So the craft itself was this black metallic flake paint, but on top of the craft was this gold, lava plasma, some type of fluid going over and around the craft.

I'm under this for about two to three minutes, and then the center light flashes two to three times, no sound. Immediately shoots up to commercial jet level minimum in my opinion, and I immediately feel static electricity all over my body. And then I smell the smell of after a thunderstorm or lightning storm, that really strong summer thunderstorm smell. Gets up to flight level, I'm trying to get my phone reset and I can only see the center light at this point. If I didn't actually see it take off, I would've thought it was a star. And then it hovers up there and it begins to slowly move due east out over the Atlantic Ocean. I finally got my phone reset. The entire thing was about from the time I saw the light pop up near the hangar until it took off out over the ocean was about 15 minutes.

Ms. Luna: And following up to that question, after you disclosed this information to the intelligence community Inspector General, you're subject to phishing attempts and job blacklisting. How widespread do you think this is across the intelligence community for those who raise concerns regarding UAP programs?

Mr. Borland: It's a difficult question to answer. I think prior to David Grusch and people beginning this process of bringing people into awareness of the reality of these programs and certain things people have witnessed probably extremely widespread. I think today there's still an issue, but because people are able to come before you and people are speaking out, I think it has been somewhat less. I would hope though that people would, because if this goes back into closed doors, this is going to get really ugly.

Ms. Luna: What type of behavior have you witnessed from former AARO director Sean Kirkpatrick as well as his staff, and related to this information you provided to them? Did they ever try to classify this information as non-human technology?

Mr. Borland: A good question. The problem with this is that I know what I experienced firsthand, I know other things. I think the staff at AARO that I had met with in March of 2023, I think they were good people doing the job they were told to do. I did not meet with Kirkpatrick. He was either not present or did not want to meet me that day. However, they did classify information about the reality of this subject, and it was very concerning because in my AARO MFR, they had actually referenced a former staff member that was the one who told me to go there, and they probably shouldn't have done that.

Ms. Luna: And real quick, before my time is up and we might go to a second round of questioning, just so you're all aware, how important, given everything that you've seen and experienced, is the UAP Disclosure Act of 2025 in restoring both public accountability and trust?

Mr. Borland: I think very important. I would hope though that the seven-year window could be shrunk, my opinion, but very important that the truth needs to be known.

Ms. Luna: Thank you very much. I now recognize Jared Moskowitz of Florida.

Mr. Moskowitz: Thank you Madam Chairwoman. Thank you for allowing me to wave on to the committee. I remember the last committee when we had a bunch of former military personnel folks that either served on bases were pilots or were in different programs experiencing knowledge. It made me recognize that the narrative has changed, it's politically convenient for the government if you all weren't military folks in suits, it would be much better if you pulled up in Winnebago's and were wearing hats. And so the picture of this, because that's important for the American people on how you tell a story, what the message looks like and who the messenger is.

So this is now the second or third committee where we have former military folks with impeccable records with information and knowledge, and it's definitely clear on a bipartisan basis that we have to protect our whistleblowers. There's no doubt. And in a day in which it's really hard to tell what's true or not from a political standpoint. And so I don't really know what is true. I don't know on this subject, but I do know when we're being lied to. And we are definitely being lied to. There's just no doubt about that.

Mr. Wiggins, I want to talk to you. I find your background and testimony compelling. When you first saw what you were looking at, what were your first thoughts?

Chief Wiggins: My first thoughts were, I think everything that I was told and taught as a kid and that growing adult no longer was applicable if I'm able to see something that I thought defies gravity in such a way, then what else could be possible? That was my first thought.

Mr. Moskowitz: Did you think what you were looking at was a weapons program that you were unaware of? Or did you think what you were looking at was obviously some extraterrestrial piece of technology?

Chief Wiggins: Neither one of those crossed my mind. It was just-

Mr. Moskowitz: How about now? What do you think it is now?

Chief Wiggins: I'm not the expert. I think I want to be as skeptical as everyone else and just hope to know the information.

Mr. Moskowitz: Anyone in the U.S. government tell you what you were looking at to try to dissuade you from what you thought it was?

Chief Wiggins: No.

Mr. Moskowitz: So no one was like, "Oh, there was some anomaly with the technology." No one from the government did that?

Chief Wiggins: No one.

Mr. Moskowitz: How do you think you were treated when you reported this information or have talked about, the TikTok video is well out there. It's well reported. How were you treated?

Chief Wiggins: I've had no pushback at all. I haven't had anyone reach out to me or try to dissuade me in either direction, militarily speaking, so I was treated fair. And I appreciate the

Navy itself with assisting me with coming here to being able to testify.

Mr. Moskowitz: That's good. So what do you think the American people should take away from watching your video? Because when we watch it, obviously, we've never seen anything like that. It defies what we know to be technologically possible. What are we supposed to think? Someone's lying about something. Someone's hiding something, right? That's not normal what you looked at.

Chief Wiggins: I think what the American people should think when seeing that video along with others before me, is that there is something out there and we should know as the people what it is.

Mr. Moskowitz: And so let's eliminate possibility. So they didn't come to you and say there was a technological error with what you were looking at. So we put that aside, they didn't say it was broken. We look at that and we see something. So it's either a weapons program being reverse engineered by our governments or other governments or it's nobody's government, and it's not from here. Those are it. You agree with that assessment?

Chief Wiggins: I agree. One or the other.

Mr. Moskowitz: Mr. Borland, when you first experienced what you were looking at, what did you do next, what was your next step after it had passed and you were done?

Mr. Borland: I actually kind of laughed to myself and said, "Okay, so this exists as well." Worked in enough programs, been exposed to enough that I was like, "Okay, so this is a real thing." I went back, walked the track, talked with a couple of my friends about it. I did talk with some of my coworkers, one in particular, which I thought was a joke, and it definitely wasn't, was like, "You probably should never say this to anybody." And then what happened to me happened.

Mr. Moskowitz: What about you Mr… How do you pronounce your last name?

Mr. Nuccetelli: Nuccetelli.

Mr. Moskowitz: Nuccetelli. And sorry, I know I'm running out of time, Madam Chairwoman. So obviously your incident happened well before we could record things on cell phones and things of that nature, right? What did you do when you first experienced, because what you saw, you saw it happen right out of your base.

Mr. Nuccetelli: Correct.

Mr. Moskowitz: So tell me what you did after you saw that. What was your next move? And I want to hear what your experience was.

Mr. Nuccetelli: My next move, I went into my house after it left, I made sure no one had been abducted and I picked up the landline. I called the Security Forces Command Center. I reported it. I requested that they give me a call back and make notifications up the chain of command. I got a call back in about 15 minutes. They reported that the weather station reported no balloons or aircraft, nothing on radar, no aircraft inbound or outbound. I got that notification. And then within the following day or two, me and the other witnesses wrote statements. We prepared a report and then we filed all that information.

Mr. Moskowitz: Madam Chairman, thank you for your indulgence in my questioning, and thank you for continuing to lead on this subject. What do you and your friends think about it today? You all have talked about it. I mean, so what do you think about your experience as a collective group? That'll be my last question, Madam Chairwoman.

Mr. Nuccetelli: I mean, we've been talking about this for 20 years. We don't know what we saw. What we saw changed our lives and the way we think about everything. It was incredibly profound. The object I saw, I don't even know if it was an object, it was a light, it was an orb. It didn't look like a craft, but it did look solid. And that's what we talk about. We noticed the object. And this was a pattern across all the encounters. Someone would see a light, they would pay attention to the light, and then the object responds. It performs for you, and then they come down and they investigate you. So it's almost like they're curious. So that's the thing we primarily talk about. Why did it come after we noticed it? Maybe it noticed us after we noticed it. You're welcome.

Ms. Luna: I now recognize Representative Mace for five minutes.

Mrs. Mace: Thank you, Madam Chair. And I want to thank all of our witnesses for being here today. Mr. Borland, I'd like to start with you and ask a few questions. Were there any other witnesses? When you saw the Equilateral Triangle, were there other witnesses that saw the same thing?

Mr. Borland: Not to my knowledge, ma'am. At that point, the only people that would be awake is those of us that were doing operations for the GWAT and then Security Forces. So not to my knowledge.

Mrs. Mace: And do you think that in your opinion, that the equilateral triangle was the U.S. government's technology?

Mr. Borland: I did once upon a time, but knowing what I know now, I'll have to answer that question in a SCIF(Sensitive Compartmented Information Facility) probably.

Mrs. Mace: Well, my next question is you teased us. So knowing what you know now means what?

Mr. Borland: I know enough to know that if you want an answer to that question, go to AARO. They have the answer.

Mrs. Mace: Do you think it was a foreign government?

Mr. Borland: I do not, no.

Mrs. Mace: And AARO is supposed to be disclosing, the last time I was in a SCIF with AARO, they said they were going to be doing disclosures. Had they been doing much of that?

Mr. Borland: I don't have an answer for you. I don't know. I know what AARO reports publicly, and I know what I've been through.

Mrs. Mace: And some of this stuff can be, I think, debunked. There are sometimes there are weather balloons that look a little funky or drones or whatever, depending on the angle, direction, speed, et cetera. Are you scared for your safety?

Mr. Borland: That's a complicated question. Being here today, if I say the wrong word, technically I can be charged with The Espionage. Espionage is a death penalty. Whistleblowers have faced it. John Kiriakou, for example. I am not scared for my physical safety in the sense of a agency or company coming to kill me, but I have no job. My career has been tarnished. I'm unemployed. Living off of unemployment for the next three, four weeks until that's gone. So it's a complicated question.

Mrs. Mace: Have there been stories leaked about your life to try to discredit you in the public eye?

Mr. Borland: As of now, I don't know. Up until now-

Mrs. Mace: We know they did that to Mr. Grusch.

Mr. Borland: I am aware. Yes ma'am.

Mrs. Mace: They leaked his medical, private medical information. Horrific things.

Mr. Borland: It is.

Mrs. Mace: Okay. You said in your testimony earlier with the chairwoman you know other things. I guess it has to be mentioned in a SCIF, the other things.

Mr. Borland: It would, pending I'm even legally allowed to speak on, and the people in the room are even legally allowed to hear it.

Mrs. Mace: And would we need to know the compartmentalized word, what the code word is or the name of the program, the special access program in order to even hear it? You have to know the word, right?

Mr. Borland: I would suggest-

Mrs. Mace: The name of it, right?

Mr. Borland: I would suggest that to be asked to DNI Gabbard and work with her for that, because I can't give you the answer on what is the requirement.

Mrs. Mace: But this is what the US government does, right? They compartmentalize the information. Only certain people know the name of the program, and if you don't know it, you can't get the information. If you don't have the name, you don't know what to ask for. Even when we're reviewing the budget, we go into a SCIF, we look at DoD budget and the budget of black box programs and we don't know what we're looking at because we don't know what these programs are. Is it a way for the government to hide from Congress what's really going on and where the money's going?

Mr. Borland: In my opinion, absolutely. Yes.

Mrs. Mace: You mentioned too in your testimony earlier that you went to speak with the government and they said somebody's name, a colleague's name, and you said they shouldn't have mentioned that staff person's name. What does that mean?

Mr. Borland: A senate staffer who is the one who helped me get to AARO, recommended me I go there, gave me the email and the phone number because I could not find that information at all at the time. In fact, I believe you guys have talked about how AARO didn't even have a website for quite a period of time.

Mrs. Mace: We were told they were going to do disclosures, both what they've debunked, because some of it can be debunked, and then what they haven't been able to debunk. And to my knowledge, it hasn't been a thing. I only have one minute left. So

Mr. Knapp, we're definitely going to watch every documentary you guys have done. You and Jeremy have done a terrific job. I usually have more questions than I have answers. I think we all do, and you guys are doing a terrific job to bring information to the public. Do you think that any of this is a psyop by the US government?

Mr. Knapp: Entirely possible. I mean, our government and other governments have admitted that they've tried to use UFOs to cover secret projects, but I think they also do some reverse engineering of those claims. So years after people start seeing UFOs over Area 51 for example, they come up with a story. Oh yeah, that was, we planted that story. So I read in a major newspaper just a couple of weeks ago, they planted this story, an Air Force colonel went out into the desert, went to a bar at Rachel and gave them some fake UFO photos, and that's how the whole story about Area 51 started, which is preposterous.

Mrs. Mace: Yeah. And I didn't even get to the crash retrieval program stuff yet, Ms. Chairwoman. There's just so much. Okay. Thank you so much for your time today. I wish we had more time. Thank you, Madam Chair.

Ms. Luna: I now recognize Ms. Crockett for five minutes.

Ms. Crockett: Thank you so much, Madam Chair, and thank you so much to each of the witnesses that have come before us today. The federal government has had a long-standing over-classification issue in general. We all know that from the assassinations of MLK and Malcolm X, to the COINTELPRO and torture programs to now UAPs. The federal government has kept the American public in the dark about issues of immense public interest. The federal government has routinely made excuses for failing to provide transparency to the public, the most common of which is national security concerns. Mr. Spielberger, can you provide an example of when national security was inappropriately used as a pretext for classification?

Mr. Spielberger: Congresswoman, probably one of the most infamous examples of that is the 9/11 commission that found that over-classification was a key factor in the failure to adequately prevent the attacks of that day.

Ms. Crockett: In addition to that, what lessons from these oversight failures should guide Congress in approaching UAP oversight?

Mr. Spielberger: Generally speaking, we would advise this Congress to ensure that agencies adopt general policy in favor of disclosure instead of knee-jerk needing to over-classify information and documents. We should ensure that when information is classified or deemed sensitive, it's only for legitimate national security and privacy concerns. And we would recommend adding additional factors to the considerations of cost value and certainly to the extent that it's critical for the public interest and the public's right to know, especially when we are talking about these very serious national security concerns and implications.

Ms. Crockett: Can you speak to how whistleblowers have historically helped Congress uncover the truth in other areas and how that might apply here?

Mr. Spielberger: Absolutely. So again, Congress has always relied on coming forward and making disclosures in a number of different issues across different agencies. Anything from national security to airline safety, railway safety, environmental concerns, workplace health and safety, a lot of issues coming out of the COVID pandemic, for example. Whistleblowers have come forward with important disclosures on just about any critical issue affecting our government and affecting the American people, all of which have grave implications for the rights and protections that we have and how we live our lives in communities across the country.

Ms. Crockett: How important is it for whistleblowers to have strong protections when it comes to UAP-related disclosures or disclosures of other topics of excessive government secrecy?

Mr. Spielberger: It's absolutely vital. This has been one of the disappointing failures of doing this work, of advocating for stronger whistleblower protections. We recognize the invaluable public service that brave whistleblowers play in coming forward. Again, taking all of these risks that we've heard about just to speak the truth, to get important information out in the public consciousness, but they can only do so when we have safe and secure channels for reporting. When there is trust in the independence of agency watchdogs like Inspectors General, like the Office of Special Counsel, like the Merit Systems Protection Board that play critical roles in investigating whistleblower disclosures and enforcing the protections of whistleblowers. All of that is essential to allow whistleblowers to keep coming forward and playing these incredibly important public roles.

Ms. Crockett: Thank you so much. Let me just say this. People look at Congress, especially now, and they see a lack of unity. They don't see the ability for us to come together really on much of anything. I will say that I do applaud the chairwoman and the work of this committee because for once, I feel like we are focusing on governing, which should be about transparency. The reality is that we cause more harm than good when we allow a lack of transparency to fester. It allows for all types of conspiracy theories instead of us actually making the investments that we need to make to get the information and actually provide it to the American people.

The reason that I wanted to focus on making sure that we answer some questions specifically around the protections of those that are willing to come forward is because the only way that we can make this government actually work for all of us is if no matter where you are in this federal government, you feel as if you are safe when you come forward with information of any issue. And so I do want to thank you for all of your stories. The reality is that we only get five minutes, and the vast majority of everything that you have to say cannot be contextualized within five minutes. But I know that my colleagues are going to get to kind of pulling some more of that out. But again, I really just want to thank you for your courage in this moment, and thank you for your service to our country.

Ms. Luna: I now recognize Mr. Burchett from Tennessee for five minutes.

Tim Burchett: Thank you, Chairlady, and thank you Ranking Member Crockett. I see a lot of friends out there and I see a couple enemies, so I'll remember that. But it's a pleasure being here. I want to remind people too, this thing is an ongoing deal. We're not going to get this overnight. We've been fighting this battle, some of y'all for 30 years and maybe longer. I hope we just keep focused on what we're trying to get to is total disclosure. We get a little wrapped up in a lot of things, but the government has something and they need to turn it over to us. We pay their dadgum salary, you pay our salary, and you ought to get more out of us than you do. And that's what disgusts me about this whole thing.

I think they're just trying to run the clock out on us, really. They'll poke us a little and they'll make jokes to us and try to pull us off the target, but I think we know where we're at and that's why they're firing at us, because we are over the target. My first question is, Mr. Knapp, I recently introduced the UAP Whistleblower Protection Act to help provide whistleblower protection to federal personnel for disclosing the use of federal taxpayer funds to investigate UFOs. I still don't want to say UAPs. How can Congress further increase whistleblower protections?

Mr. Knapp: I think you got to unleash the dogs and go track down the money and where it goes, because a lot of this stuff has been moved out of government, as you know, Rep Burchett. It's been given to private contractors who stashed it away. They've had it for so long that there's nobody left inside government, or very few who know where it is.

Tim Burchett: And they do that to keep us from FOIA, correct?

Mr. Knapp: Sure. Yeah. It's to keep it from FOIA, and I think that the contractors who've had this stuff for a very long time set their own standards about who is allowed to know what. And it's a very small group that ever cracks that. I think Representative Luna has been looking at the use of classifications to hide things. I'm not sure that even this committee getting security clearances that should allow you to see this stuff would allow you to follow where it really goes.

Tim Burchett: I worry about the people that are looking at it don't even know what they're looking at. I mean, it's gone through so many, I mean, since Roswell for instance, I mean, do you think, there's nobody even alive that was around any of that stuff, so-

Mr. Knapp: Yeah. I don't think they've made much progress, from the people that I've talked to. I don't think they've made much progress in learning that technology. Might've made some, but you wonder. The implication is Tic-Tac. Oh yeah, that's ours. What flew over Washington DC in '52, is that ours too? When are you going to break that out? You guys authorized tens of billions, hundreds of billions of dollars on weapons systems that can't do half of what we've seen UFOs do. So when do they break this out if it's really a classified project could, change the world? I don't think they've made much progress, and I think they've been lying to us and to you and the rest of the world and they're still doing it.

Tim Burchett: Yes, sir. I agree with you. How did you manage to obtain the classified Russian UAP documents, and how did you get them back in the United States?

Mr. Knapp: Well, I met this Russian physicist who was in the United States lecturing.

Tim Burchett: And I want to clarify that. I can't even take a thing of honey home on my airplane when I fly back to Tennessee.

Mr. Knapp: Yeah. I did something pretty dumb-

Tim Burchett: And I'm bitter about it, but go ahead.

Mr. Knapp: I did something kind of dumb. I met with these officials who during that time period, Glasnost, Perestroika, the Russians were trying to open up to the world, and I saw it as a window of opportunity, and it was. And we were able to talk these folks into providing us information that otherwise we would never have seen some of that was classified. I found out that they only stamped the top pages of these documents that were classified, so I just removed them. I removed those pages and I carried them out. And if they'd caught me, I'd be in a gulag still.

Tim Burchett: Yeah. We'd be saying, "What happened to George Knapp?" Oh, yeah. What happened to the Russians that came forward to you in 1993, and were there any repercussions for them?

Mr. Knapp: Well, there were. The first thing that happened when I talked about this after getting back and going through the files and things and sifting through it, the Russian physicist who had helped us be introduced to all these people wrote back and said there was a huge eruption, that there was, the real right far autocratic forces that wanted a return of the USSR had really go after these guys. They described him as traitors. Nikolai Kapranov, the physicist friend of mine, said, "Look, if this had happened five years earlier, we would be in prison. If it had happened 10 years earlier, we would've been shot." Luckily, at that point, Putin was not in power, but none of those people that we talked to on that trip in 1993 would ever talk to me again. I went back in 1996 and it was like I had the plague. I spoke to different people, but they were scared.

And eventually, the story was spun where the Ministry of Defense officials who gave us this information were described as ufologists who said there was nothing really significant to these files. They didn't really find anything a big deal. And I can tell you, you'll see those files that I shared with you. They did find stuff. There was an incident in October of 1982 over an ICBM base where UFOs popped up, was observed over this base where the missiles are pointed at us, United States. These UFOs perform incredible maneuvers. They split apart, they fuse back together, they'd appear and disappear. And right at the end of this four-hour period, the launch control codes for the ICBMs lit up.

Something entered the correct codes, the missiles were fired up and ready to launch, and they could not shut it down. The Russian officers were panicking. The UFOs go, they disappeared. The launch control system goes back to normal. Colonel Sokolov and his team came in, took the thing apart, could not figure out what it was. It wasn't a power surge or EMPs or some of the baloney excuses that our country has given for similar events involving our nuclear missiles. They thought it was a message from wherever the UFOs were from. And that's a chilling thing. I mean, we were a couple of seconds away from World War III starting, and the UFOs were responsible for it.

Tim Burchett: All right. I'm out of time, but real quick, who are the contractors that have this material, the corporations?

Mr. Knapp: Well, one of them is Lockheed. And I'll tell you, I mean, I'm not saying Lockheed's the bad guys. They're doing what they were asked to do. They have lied about this because that's what they're supposed to do. But Lockheed would be one. There's a list I can give you, Congressman, some of the big ones, the usual suspects.

Tim Burchett: Okay, thank you. I yield back, Chairlady. Sorry for going over.

Ms. Luna: It's all good.

Tim Burchett: It's all George Knapp's fault.

Ms. Luna: I now recognize Ms. Boebert for five minutes.

Lauren Boebert: Thank you, Madam Chair. Chief Wiggins, based on your training and operational experience, could the behavior that you witnessed, a transmedium object vanishing without a sound be explained by any known technology that we possess or other governments possess?

Chief Wiggins: It cannot, no.

Lauren Boebert: And has any government agency debriefed you or any of your shipmates regarding the EOIR and radar-confirmed UAP encounter aboard USS Jackson?

Chief Wiggins: No one has. No, ma'am.

Lauren Boebert: What was that encounter like when you brought that up? If you want to briefly summarize that, when you brought that to their attention and then you were not provided any follow-up, who was told and how did you feel when there was no contact back to you?

Chief Wiggins: As far as the actual incident happening or the reporting level?

Lauren Boebert: Yes, sir. Yes, chief.

Chief Wiggins: It was, within the event happening, my duties are to report to the Tactical Action Officer on watch while we're standing watch. So Tactical Action Officer was there. I made my report. I've not had any discussion outside of that day. There's been no communication to me or requests from me within inside of the military. But speaking of that actual incident itself, once the report was made to the Tactical Action Officer, that's when I made the decision to ask the individual watchstander that was controlling Sapphire to be able to slew into the location. And that's what you see in the video itself is when the watchstander is slewing in and kind of showing us what we're looking at. But outside of that, that's as far as the reporting went that I know of.

Lauren Boebert: Thank you, Chief. Just for the sake of time, Mr. Nuccetelli, Has AARO, the Air Force, or the FBI ever followed up with you personally about the Red Square event?

Mr. Nuccetelli: I did have follow up by AARO. Nothing with the Air Force. The AARO office updated me I think at least two times. They let me know that they were unable to locate any records, that the records had been destroyed by the Air Force. The Air Force is destroying all their police records every three years on a schedule. So-

Lauren Boebert: You were informed that these documents were destroyed?

Mr. Nuccetelli: Well, I have a Freedom of Information Act from the Air Force that states clearly that they destroy all police records on a three-year schedule.

Lauren Boebert: Okay. So they were sitting on documentation, destroyed it, refused to question any of the lead investigators, anything leading into this investigation?

Mr. Nuccetelli: Yeah, basically they destroyed all the police records. So you couldn't even call the Air Force and ask them if there was a vehicle accident in that timeframe. So that's a big problem. We're losing data in real time, so we'll never be able to go back and track-

Lauren Boebert: I think our federal government has a history of destroying records. Thank you. Thank you very much, Mr. Nuccetelli. Dr. Borland, as a geospatial intelligence officer, have you seen classified data indicating UAPs operate in restricted US airspace, and has that information been withheld from Congress?

Mr. Borland: I have not in US airspace. That is intelligence oversight, so I did not have domestic authorities.

Lauren Boebert: After filing your Inspector General complaint over retaliation inside the Pentagon's UAP office, did you receive any kind of protection or just more retaliation?

Mr. Borland: Within the IG or AARO, ma'am?

Lauren Boebert: Either.

Mr. Borland: AARO, they went after the staff member and

classified everything, shut that down. The IG, to this day, I don't even know if my complaint's active. I know my attorney that represented me was very, very, very concerned. And the best of my understanding, I was determined credible, not urgent.

Lauren Boebert: And do you think that that experience would suggest that the internal UAP investigations may be compromised?

Mr. Borland: Possibly. I mean, it's so hard because this goes back to people doing the job they're told to do, and very few people are going to want to give up their careers, 20, 30-year pension, get rid of their kids' healthcare, get rid of their house. It's possible. Yes.

Lauren Boebert: Yes. Thank you very much, Dr. Borland. Mr. Spielberger, do National Security whistleblowers currently have any external appeals processes to challenge retaliation, or are they just stuck relying on the same agencies that they're accusing?

Mr. Spielberger: Congresswoman, this is one of the biggest concerns that we at POGO have, basically around the independence of investigations and accountability for retaliation. Basically, yes, National Security whistleblowers have to rely on internal administrative processes that go through Agency Inspector Generals. There are some differentiations, but the bottom line is that they are forced to rely on protection from the same agencies and people who they are alleging retaliated against them.

Lauren Boebert: Yes. Well, I thank you all for your bravery. We are out of time here. Thank you so much for coming forward, and we will do everything that we can to ensure that you are all protected. Thank you for trying to bring truth and transparency to the American people. Madam Chair, I yield.

Ms. Luna: I now recognize Mr. Burlison for about five minutes.

Eric Burlison: Thank you, everyone. It takes such great courage to come forward, and we acknowledge that and I hope that you see that we are taking that seriously, and so very thankful for what you're doing today. I'm also very thankful for previous witnesses that have come forward. I see Matthew Brown in the audience. He courageously stepped forward as a witness. I encourage everybody to look and seek his testimony. I want to thank the people that came in our first hearing. Ryan Graves, David Grusch, David Fravor. And in our second hearing, Admiral Gallaudet, Lue Elizondo and Mr. Gold, and the many others that have come forward. We hear you, and enough is enough. It's time that we take action. Look, I'm not jumped to the conclusion that I believe that there are aliens coming from another planet, but

I'm open to that, and I think that it's our responsibility, especially when we're seeing that we have a government that is actively blocking information from us.

Just last night, I tried to get an amendment onto the National Defense Authorization Act that fit in the germaneness of that bill to have UAP disclosure. And conveniently, it was named non-germane, mostly deemed by staff, not even an elected official. This is the kind of stuff that we repeatedly see. Last year, we were blocked by someone in House administration from being able to receive a full briefing from AARO. So not an elected official, but someone in staff blocked us. And I've had it. Enough is enough. I want to cue up a video that I've been given, and before it starts, I'm going to describe. This was taken October 30th, 2024. This video is of an MQ-9 drone tracking an orb, or this object, off the coast of Yemen. You'll see that another MQ-9 launched a Hellfire missile that you cannot see that drone, and I'm not going to explain it to you. You'll see exactly what it does. This is when it zoomed out, so you can still see it traveling.

Mr. Nuccetelli: Declassified?

Eric Burlison: So Mr. Knapp, have you heard about events like this occurring? And what information might you have?

Mr. Knapp: I have heard about events like this. I have heard about this event. Jeremy Corbell and I talked about it in one of our episodes a while back. We did not have the video though. There are servers where there's a whole bank of these kind of videos that Congress has not been allowed to see, that public hasn't been allowed to see. Occasionally some of that stuff gets out in the wild and it comes our way. It should be going to you. The public should be seeing this stuff, and why you're not allowed to, I don't know. But that's a Hellfire missile smacking into that UFO and just bounced right off, and it kept going.

Eric Burlison: It kept going. And it looks like the debris was taken with it.

Mr. Knapp: Yeah. What the hell is that? What flies like that?

Eric Burlison: So again, I'm not going to speculate what it is, but the question is, why are we being blocked from this information consistently? I want to ask this question. How in the world, this is the document. I want to enter this in for the record if it hasn't already been entered, Madam Chair. The document-

Ms. Luna: So ordered.

Eric Burlison: … that you provided on thread three, this is a huge file. How in the world did you smuggle this out of Russia?

Mr. Knapp: Carefully.

Eric Burlison: In your socks?

Mr. Knapp: I don't think I want to be really specific about it, because I might have to go back there and get some more sometime, although-

Eric Burlison: Okay.

Mr. Knapp: No, I'd be crazy to do that. Well, again, I took the top pages off that were stamped with the security signature and I carried them out on my person. But the rest of them, I just threw in my suitcase and threw some caviar in there as a distraction as well and hoped for the best. Otherwise, I'd be a citizen of Siberia right now.

Eric Burlison: And you reported James Lacatski came to you with government possession of NHI craft and how they ultimately gained entry. Can you testify to the veracity of that claim?

Mr. Knapp: Dr. Lacatski is an honorable man who served most of his career with the DIA, a very trusted high-level rocket scientist and intelligence analyst who inspired the AAWSAP program, as I said earlier. And in full disclosure, I've co-written two books with him. He dropped this on myself and our other co-author out of the blue, and it took 14 months for us to get DOPSR approval for him to release two sentences on that. He said this craft, we had managed to get inside of it. It had no wings, no rotor, no tail. It had no fuel. No fuel tanks. They didn't know how it flew or how it was operated. It clearly looked like it was aerodynamic, but he would not go further. He's a by-the-book guy, and until he gets clearance to say more about that, I don't think we're going to hear much more. But it's not ours. It wasn't ours. We didn't make it. We didn't know who made it and how it was built and how it operated. We've got at least one, and I don't know. I think that's enough confirmation that we do have recovered discs and materials.

Eric Burlison: And lastly, Mr. Borland, in the classified realm, have you been exposed to undeniable confirmation of NHI technology? And then my second question is, is BAE Systems involved in any way with reverse engineering exploitation of non-human intelligence craft?

Mr. Borland: Yeah, we're going to have to have a conversation in SCIF for that, whether I'm legally even allowed to answer that and whether you're even allowed to hear it, sir.

Eric Burlison: Okay. Again, you can sense our frustration, and so I just want to thank you for coming forward. We will continue to fight, because look, this is about making sure that this government belongs to the people and restoring the republic the way it was intended to be. Madam Chair, I also have further witnesses of courageous individuals that was given to me by Dr. Steven Greer, including Michael Herrera and his testimony. We have Roderick Castle and his testimony, Randy Anderson, his testimony, Stephen Digna, and others, three others, all saying similar things to what the witnesses today have said. And I would like to enter that into the record as well.

Ms. Luna: No objection.

Eric Burlison: Thank you.

Ms. Luna: I now recognize Representative Lee for five minutes.

Summer Lee: Thank you, Madam Chair. I think we need to make sure that we don't get distracted by sensational stories only of unidentified anomalous phenomena and lose track of what the core of this hearing is about. This is all a perfect example of why whistleblowers are so important and why it's so important that we step up and protect them. With Trump, RFK Jr., EPA Administrator Lee Zeldin and others committed to dismantling government and firing professionals who do dare to speak out against the threats this administration's disastrous policies create, we have to focus on protecting all whistleblowers, not only the ones who are reporting on UAP.

I'd like to thank the whistleblowers who have agreed to come before the committee today and speak their truth. This administration's claims to care about waste, fraud, and abuse, and so often it is the whistleblowers who care and who are the tip of the sword fighting against the real waste, fraud, and abuse. One study found that whistleblowers expose fraud at more than twice the rate of third party auditors. So Mr. Spielberger, what are some of the best examples of whistleblowers exposing fraud and abuse in the federal government?

Mr. Spielberger: Thank you, Congresswoman.

Again, whistleblowers have played such a vital role across so many different issues. One prominent example goes back to the 2014 VA wait-list scandal. POGO actually played a very instrumental role coordinating with Iraq and Afghanistan Veterans of America.

At that time we received tips and whistleblower disclosures from over 800 different individuals talking about the VA subjecting veterans to extensive wait times in order to get the basic standard of care that they deserve. It's certainly prolonged serious illnesses, even contributing to hasten deaths, and we were able to help shed more light on that issue, which I think just emphasizes the importance, even outside of the national security context, we are often still talking about serious issues and even life-and-death concerns.

Summer Lee: And, unfortunately, whistleblowers can, whistleblowing can lead to serious repercussions and retaliation, especially in this vindictive and lawless administration.

Mr. Spielberger, in the past, what kinds of retaliation have they faced, and what are we seeing today under the Trump administration?

Mr. Spielberger: So we've certainly heard about a number of different examples of retaliation. One that I'd like to highlight that Mr. Borland referenced previously is retaliation through abuse of the security clearance process that can have grave implications not just for a whistleblower, but also their ability to seek legal counsel and defend themselves against retaliation.

And when we look at the past several months of this administration, unfortunately, we've seen a really systematic approach toward dismantling the nonpartisan civil service. We've seen the mass firings, we've seen undermining of independent agency watchdogs, mass firings of inspectors general, undermining the Office of Special Counsel, the Merit Systems Protection Board. Again, these entities that are meant to be independent and play a critical role in investigating whistleblower disclosures and ensuring that their rights are protected.

Summer Lee: Yeah. Thank you.

In 1989, Congress passed the Whistleblower Protection Act and then broadened it again in 2012 to ensure that federal workers could feel free to come forward to their elected officials. And it's a good thing we did because whistleblowers have played a more important role than ever since Trump has taken office.

It was thanks to a whistleblower that we learned that Doge allegedly put every single American's personal security information at risk by bypassing safeguards and copying all this data to an unsecure server. I ask unanimous consent to enter into the record a New York Times article titled, quote, Doge Put Critical Social Security Data at Risk, Whistleblower Says.

Ms. Luna: Good to go.

Summer Lee: Thanks. We've had whistleblowers at the National Labor Relations Board reveal that Doge minions may have shipped case files outside of the agency, possibly to help then co-president Elon Musk continue to exploit his workers. And last week whistleblowers at the National Institute of Health came forward to say that RFK Junior's vaccine and misinformation campaign had pervaded even the highest levels of the agency.

Typically, whistleblowers have an inspector general they can rely on to investigate their claims and register issues with agency leadership. But President Trump has fired or demoted over 20 inspectors general.

If I may ask one more question, Mr. Spielberger, can you explain how eroding the independence and capabilities of inspectors general further endanger these whistleblowers?

Mr. Spielberger: Absolutely. So again, whistleblowers already face incredibly great challenges in coming forward under normal circumstances, and when we erode these entities that are expected and required to enforce whistleblower protections fairly investigate their disclosures, it calls into question the integrity of their investigations and findings, whether they'll take whistleblowers seriously when they come forward, and whether we can trust that they will use their authority to enforce the protections of whistleblowers who do come forward. Essentially, whether they will continue in their role as an independent watchdog or basically become a lapdog for a current or future president.

Summer Lee: Thank you, and I will note… I will take no longer, no more liberties, I yield back.

Ms. Luna: Thank you. I now recognize Mr. Crane for five minutes.

Mr. Crane: Thank you, Ms. Chairwoman, for holding this hearing. Thank you to the witnesses for appearing in the effort of transparency here. I got to admit to the witnesses that, growing up, I really never believed in UFOs or any of this stuff. I always thought it was a little kooky and whatnot. But after hearing your testimony from honorable service members watching videos like my colleague Mr. Burleson just presented, I got to admit I've become a believer, not that I know where these things come from or what they really are up to.

But I'd like to start with asking the witnesses. Mr. Nuccetelli, you were in the Air Force, right?

Mr. Nuccetelli: Yes.

Mr. Crane: Did you believe in UFOs prior to your encounter?

Mr. Nuccetelli: I've always been interested. Yes.

Mr. Crane: Okay. Chief Wiggins, you're currently in the Navy, is that correct?

Chief Wiggins: Correct.

Mr. Crane: Did you believe in UFOs before your encounter?

Chief Wiggins: I did. I'm from Las Vegas, and I've watched George Knapp my whole life.

Mr. Crane: Okay. What about you, Mr. Borland?

Mr. Borland: I have always been open to where facts go, so-

Mr. Crane: Were you guys scared or hesitant to come forward and tell your story because of fear and believing that you might be reprimanded or ostracized from society because of your stories? Mr. Nuccetelli?

Mr. Nuccetelli: Yes, absolutely. I probably would not have come forward if I didn't have documentation to prove some of my story. And I also wouldn't have come forward without the people that paved the way for us in the first congressional hearing, so-

Mr. Crane: Chief, what about you?

Chief Wiggins: Once I got the okay from the Navy from top down, that gave me a level of relief. Prior to that I didn't have any thought, left or right, of that. But I thank the Navy to give me the go-ahead and that gave me the relief that I would not have any level of reprisal or anything happen to me.

Mr. Crane: Mr. Borland, how about you?

Mr. Borland: Absolutely. I mean, after I went through everything, it was pretty clear that I caused a major issue in the executive branch. So I did what I was supposed to do, and that's why I haven't spoken publicly. That's why I'm happy to be here. This is how I wanted this to be done in regards to me.

Mr. Crane: Mr. Borland, why do you think that you faced reprimand and discipline for your effort to come forward and be transparent about what you saw?

Mr. Borland: About what I saw is the reason why I got into what I know and has been disclosed to AARO and the IG and I think that information, well, it was. It was labeled an extremely sensitive national security issue.

Mr. Crane: Thank you. Mr. Knapp, I've watched many of your videos on Joe Rogan and other places. One of the big questions, I think for many of us, is why do you believe that the federal government refused to be transparent about this issue?

Mr. Knapp: I think there's probably multiple reasons at the start, when these things first started invading our skies in large numbers, we were scared. It was right after World War II, and we didn't know what they were, and they didn't want to panic the public, and that was probably a good call.

Over time, I think the lying sort of became institutionalized. Flights over Washington, DC in 1952, they're seen, they're captured on radar, jets are chased after these objects, and then we get an explanation. It was a temperature inversion, and those kind of lies have been told for a long time.

What was told to me by an investigator from Congress, a guy named Richard D'Amato who was sent after this story by Robert Byrd and Harry Reid. He came out to Nevada, tried to get into Area 51, did get in there, looked around, talked to people trying to get to the bottom of it. He believed that this program, reverse engineering, et cetera, had been moved inside these corporations and he said, "When this comes out, people are going to go to prison." And he meant people who were basically misusing legitimate national security funds, tens of billions of dollars in order to keep this cover-up going.

I also believe there's a legitimate reason for the cover-up in that there is undeniable connection of national security involved in this technology. If we are racing for it to master that technology against the Russians and the Chinese, which is what I have been told by Senator Reid and many others, then it is a race that's critical to our survival.

There could be a form of disclosure, I think. Yes, it's real. It's from somewhere else, without revealing all the details that would allow someone else to have an advantage in the race for this technology.

Mr. Crane: Thank you. Finally, I'd like to enter into the testimony a letter I sent to the DOD regarding the case of Major David Charles Grusch, a UAP whistleblower who's been extremely helpful to this committee.

Unfortunately, due to his participation in the disclosure of UAP, he suffered reprisal like the removal of his clearance, denial of promotion and loss of medical retirement. I wrote the DOD on July 24th, 2025 on behalf of Major Grusch and I'm still waiting for a reply. I appreciate any help the committee can offer to get a response. Thank you. I yield back.

Ms. Luna: Without objection, we'll be following up with the DOD after this hearing. Thank you, Representative Crane.

Next, I'd like to recognize Representative Gill for five minutes.

Mr. Gill: Thank you, Chairwoman Luna, for holding this hearing, and I'd like to yield a minute of my time to you.

Ms. Luna: Perfect. My first question is to Mr. Knapp.

Mr. Knapp, how do we know that the files that you obtained from the former Soviet government are not BS and just given to you as a disinformation campaign against US government?

Mr. Knapp: That's a good question. So I shared some of them with the Senate Intelligence Committee when I first got back because that was requested by the Russians who shared some of that information with me.

Secondly, I gave all of that material to the DIA, through BAS, the AAWSAP program. Sorry for the acronyms.

Ms. Luna: Can you name names real quick? Sorry.

Mr. Knapp: At BAASS or AAWSAP?

Ms. Luna: Who did you give them to directly?

Mr. Knapp: I gave them to Robert Bigelow and to Jim Lacatski. And they hired a whole team to go through them and retranslate them and analyze it, then they created a structure of how the UFO programs in the USSR, in Russia were put together. They said they were real.

The other person who said they are real is David Grusch.

Ms. Luna: Noted. Thank you. Representative Gill.

Mr. Gill: And thank you. I'd like to yield the remainder of my time to Eric Burleson.

Eric Burlison: Thank you, Representative Gill.

Mr. Wiggins, Chief Wiggins, in your view, what mechanisms such as internal protocols, witness debriefings or cross-agency documentation should be better established in order to ensure that such a credible sighting, like the one that you have given, are preserved and made available to oversight bodies like this?

Chief Wiggins: Thank you, sir. As a active duty Navy member, our mission is to carry out the ship's mission or the command's mission, and we, on a general basis, don't have knowledge of what to do when we see things like this. We just don't. We're there to do our mission and do what's told of us, right?

So I think what would be important is giving active duty members a clear way of being able to report things like this to where it gets to this point and ensuring that we have a standard level of understanding that there wouldn't be any level of reprisal or anything happening. Because, you know, I've been in the Navy for almost 24 years, but what about the sailors that have been in for two years that experienced things like this? They're not going to have the knowledge or they'll probably be a little bit more fearful to speak up being that their career is just starting.

Eric Burlison: Yeah, I want to commend you. You're the first witness to come forward that is currently serving, and it's recognized. So I thank you. And your testimony is unbelievable.

Let me ask this question. Are you familiar with the Witness Protection Act that Representative Burchett has filed?

Chief Wiggins: I'm not too familiar, sir.

Eric Burlison: Anyone on the committee familiar with it? It's fantastic. It's the language that we need. It's language that will protect whistleblowers from any kind of reprisal, and yet it's, again and again blocked, by this body in some way. Many a times it's being blocked not by elected officials, but by staff behind the scenes.

And the other bill, the UAP Disclosure Act, which was filed last year. Senator Schumer, who I cannot believe that there's a topic that he and I agree on, but he and I agree on this topic. He is sponsored in the Senate. He put it on the National Defense Authorization Act last year. Remarkably, I can't get it on the… It was stripped out by the house last year, and I can't get it onto the bill leaving the house this year. Mr. Knapp, how far would that bill go to actually getting the answers that we need?

Mr. Knapp: Pretty far. I think that you're still going to have roadblocks. The keepers of the secrets, the private companies that have been doing this job for intelligence agencies for a long time, are not going to cough it up. You'd have to force it out of them. And whether you can get them to admit that they have it or not, I mean, they're supposed to lie about it. They've been lying about it.

More power to you. I hope it works. I hope it passes this time, but it's a daunting challenge to get them to open up after lying about it for more than 75 years.

Eric Burlison: Yeah. And then finally, Mr. Borland, when you engaged with AARO in 2023, you noted that their public statements did not match the reality that you and others had witnessed. In your assessment, what were the key limitations of AARO?

Mr. Borland: You know, I would put it to you this way. The statement AARO has made is scientific evidence of extraterrestrials. Scientific evidence requires a scientific control. Extraterrestrial is an entity on another planet. The only way to scientifically prove extraterrestrial is we have to go to that planet, acquire technology, bring it back and compare it to what we have here.

Eric Burlison: So that you're saying they won't let anything out because, or they won't come forward unless they confirm that it, unless they go to the planet and confirm where its origin is?

Mr. Borland: That would be scientific evidence, yes. And by that statement, AARO found no scientific evidence of extraterrestrials is basically, I don't want to call it a psyop, but a misrepresentation because we do have things. But making that statement is not technically a lie. It's a misrepresentation of the full truth.

Eric Burlison: Thank you.

Ms. Boebert: Madam Chair, may I, just since we're on that topic real quick, how do we get to these other planets? How do we pass the Van Allen radiation belt safely?

Mr. Borland: Good question for you. I cannot answer that for you.

Ms. Boebert: Thank you.

Ms. Luna: I would now like to recognize Mr. Perry for five minutes.

Mr. Perry: Thanks, Madam Chair. I think I'll start with maybe Mr. Borland.

So you have a clearance, right? You're in uniform, you have a clearance. When did you leave at service? What year?

Mr. Borland: I left in 2013, February '13.

Mr. Perry: 2013. Who was the president, if you recall?

Mr. Borland: 2013 would've been President Obama, sir.

Mr. Perry: Wasn't President Trump, right?

Mr. Borland: No, sir.

Mr. Perry: Okay, so you have a clearance, right? You're certainly in uniform, you have a clearance?

Mr. Borland: Yes, sir.

Mr. Perry: Your story, I think many of us are kind of picturing the scene. You walk out in the flight line, having a smoke, this event occurs. Do you have the perception, at least I do, based on your story that this involves the US government? Whatever you saw involves the US government?

Mr. Borland: That is 100% my opinion then and now.

Mr. Perry: And was there an after-action? Did you do a daily debrief of the activities of the day? Was any of that recorded? Was there a conversation with the command? Was there any documentation that you know of at the time?

Mr. Borland: Not to my knowledge. I mean, like I said, I talked about it on the ops floor and a couple of people had pulled me aside, some older enlisted and were like, "You probably want to keep that to yourself."

Mr. Perry: Did you get the impression that they knew what you were talking about, just didn't want you to harm your career or seem crazy or that they didn't really witness? Did you know anybody else that witnessed what you saw?

Mr. Borland: Again, not that night. Like I said, the only people that would've been out there would've been security forces. And then those of us that were doing ops.

Mr. Perry: Security forces in uniform or contract?

Mr. Borland: Probably both.

Mr. Perry: Did you talk to them? Did anybody talk to them in an after-action?

Mr. Borland: Not to my knowledge, sir.

Mr. Perry: Was there any interest in the command to determine and verify what you saw?

Mr. Borland: Not to my knowledge, sir.

Mr. Perry: It's unfortunate. Chief Wiggins, thank you for your service, gentlemen. Thanks, all of you for your courage to be here.

Your story's a little bit different. Sounds like it… Well, for both of you guys, and also Mr. Nuccetelli, if this were sanctioned by the US government, even though you have a clearance, but it's classified above the clearance level, do you see any reason why they would allow you access being present, viewing it, hearing it, being around it? Is this an accident? Like does the US government make these kind of, they make accidents, mistakes like this where, oh, oh, we're doing this test of this new system and we forgot these guys were standing here. Does that sound like something that the US government would do?

Mr. Nuccetelli: No, sir. Some of the launches we were doing were like $5 billion projects that had taken like 10 years to develop the technology, and these objects were coming right up to the launchpad. So any kind of mistake, I mean, it could cause a catastrophe.

Mr. Perry: Right.

Mr. Nuccetelli: So it's very confusing why these objects would be operating in and around our bases or during training exercises.

Mr. Perry: So would lend you to believe that the US government had nothing to do with whatever it is you saw?

Mr. Nuccetelli: Correct.

Mr. Perry: They wouldn't want it there because it would potentially interrupt the proceedings at the time. Was there an after-action? Was there a discussion by your command? Where was there an investigation? It's pretty significant activities that you were involved in. Was there an investigation that you know of?

Mr. Nuccetelli: We conducted investigations in real time, and we document all the evidence. But as far as anything from higher up, I don't know if there was an investigation done. No information came down on what we should do-

Mr. Perry: Were you ever interviewed at someone else's request?

Mr. Nuccetelli: About that incident?

Mr. Perry: Yeah, about the incident?

Mr. Nuccetelli: I don't believe so.

Mr. Perry: Do you think that's, you find that odd if something happens, you're around multimillion, maybe billion-dollar operations and launches of national security interest, very sensitive, there's an anomaly in the operation?

Mr. Nuccetelli: The only person witness that saw UAP at

Vandenberg at the time frame that was interviewed was the one that witnessed the thing land. They called him-

Mr. Perry: Well, I don't know why I'm asking you, but it seems to me that we would want to interview everybody associated, even not associated, to find out if they were associated.

Chief Wiggins, how about you? Was there an investigation? Was there an after-action? Was there documentation on the incident that you were privy to?

Chief Wiggins: No, sir. Not that I know of. And in my previous experience as an operation specialist, all operations that I've been a part of have been deliberate. So there-

Mr. Perry: Yeah. And deliberate operations, after the operations, you conduct an after-action review or that's what the Army calls it, I don't know what, imagine the Navy had something similar to determine your weaknesses, your successes. Did you do that in regard to this incident?

Chief Wiggins: No, sir. The Navy calls it after-action reports and not to my knowledge was there an after-action report of this incident, sir.

Mr. Perry: It's unfortunate. Thank you, Chair. I yield.

Ms. Luna: I now recognize Mr. Biggs for five minutes.

Mr. Biggs: Thank you, Madam Chair. Thank you to the witnesses for being here today. I'll tell you that today's testimony should alarm every American no matter their views on UAPs. This isn't simply about UAPs. It's about government integrity, responsible use of taxpayer funds and Congress's constitutional duty to oversee the executive branch.

Heard evidence of critical information hidden in special access programs, off limits to virtually every elected representative and certainly to the public. Credible witnesses report retaliation for speaking out. These are clear attempts to silence those who are exposing the truth. We must protect the whistleblowers, and decades of government disinformation have eviscerated public trust.

So this isn't a partisan matter. It's a constitutional matter. And when you talk about the VAs, Mr. Spielberger and all the problems that they had, the hub of that was Phoenix and they went after the whistleblowers there, and that was under the Obama administration. So it doesn't matter which administration, which party. Both parties have got to come clean particularly on this. So the government thinks you can hide the truth and punish those who speak out. Congress has to keep pushing until the facts, whatever they are, wherever they lead, come to light.

Let me go to you, Mr. Knapp, first. You've interviewed numerous UAP whistleblowers over the years. Question is how do you verify their claims before deciding they're credible enough to report on?

Mr. Knapp: It's a combination of factors. First, you check their credentials. Did they really serve where they said they did, and did they work where they said they did? Are there any other witnesses? Is there visual proof, film footage, things of that sort? You ask the people around them that know them, that used to work with them if they're credible people. That's one way.

You know, I think about AARO, the organization that this body created to deal with witnesses and whistleblowers. I hope I'm not taking too much of your time here, but they invited people to come forward, service members who knew, saw things and had experiences. And I can tell you that the people that I have talked to who went through that are deeply disappointed. There was a guy named Bob Jacobs, who was a lieutenant attached to Vandenberg in 1964. His unit would record missile tests. They recorded all of them.

On one of this particular tests, a UFO comes out of nowhere, zaps what looks like a laser beam at what would've been a nuclear dummy, a nuclear weapon, and disabled it. And he is called into the commander's office. Two guys in suits clip that film footage out that shows the UFO, and he's ordered to never talk about it.

He comes forward to AARO, he heeds the call thinking he's doing his duty as an American to tell that story, and they completely dismissed him. They made up a story that they had tracked down the original footage and there was nothing like that in it.

Well, there was no original footage. It had been taken away the day the footage was recorded. He's deeply disappointed.

People like Bob Salas, who had worked at a nuclear ICBM base who saw UFOs flying over the base, and these missile silos were taken down. He went to AARO two and was completely disregarded. It almost looks like AARO operated as a counterintelligence operation to get people to come in, tell their stories and then discredit all of them.

I can't imagine that any whistleblower or witness will ever go to AARO again because of what happened under the first director who's now long gone, but still seems to act as the spokesperson for that organization.

Mr. Biggs: And I would say, Madam Chair, maybe at some point we need to really dig deep into AARO, and I would encourage us-

Ms. Luna: Oh, I'd be happy to send maybe a subpoena to Mr. Kirkpatrick. Mr. Nuccetelli, you've testified that official Air Force records of the red square incident are now held by AARO and the FBI. Has Congress or you been denied access to those records, and on what grounds would we be denied access, you or us?

Mr. Nuccetelli: No, the records were unclassified, so-

Mr. Biggs: Okay.

Mr. Nuccetelli: … provide them to.

Mr. Biggs: In the 2003 to 2005 incidents you described, were any physical effects, electromagnetic interference, radio anomalies or security system disruptions documented in base logs or any reports, official reports?

Mr. Nuccetelli: Not to my knowledge, no.

Mr. Biggs: Mr. Wiggins, has the full resolution, unedited footage of your incident been provided to Congress?

Chief Wiggins: Yes.

Mr. Biggs: Okay. Were you or your crew ever instructed formally or informally not to document or discuss the event ever?

Chief Wiggins: No.

Mr. Biggs: Okay. Mr. Borland, you've talked about manipulation of your security clearance records. Can you identify which agencies or offices were responsible and whether they provided any written justification?

Mr. Borland: I can do that in a SCIF, sir, 100%. Because of being a part of a multi-agency special access program, I cannot give those publicly.

Mr. Biggs: So I had encourage us, Madam Chair, to have that SCIF meeting if we can.

And then, Mr. Borland, again for you. You testified that you withheld certain sources and methods from AARO due to mistrust. Can you give us some specifics that led you to believe they were misrepresenting the truth?

Mr. Borland: Well, as I said already, what I said about scientific methods, scientific control, extraterrestrials, I mean, I know what

I've seen. I know what I know, and I know it's true. So any agency that's going to go public and try and manipulate the public perception of this subject in such a way that is negative when I know the truth about it is why I had extreme reservations with it. And also what I've been in through and other whistleblowers and people and to know about this subject have been through.

Mr. Biggs: o Madam Chair, thank you for letting me wave on. I think the key thing there you talked about was manipulation of message, manipulation of narrative. That is really the problem with this entire, the system that we've seen since you've started these wonderful hearings, Madam Chair, and I thank you so much.

Ms. Luna: Thank you, Governor Biggs, I mean, Representative Biggs.

The chair would now like to represent or recognize Mr. Begich for five minutes.

Mr. Begich: Thank you, Madam Chair.

First question, Mr. Borland. Earlier today you mentioned that in a SCIF you would be able to discuss whether a member of Congress is actually legally able to access certain information.

Under what authority would a member of Congress be restricted from accessing information on this topic even within a SCIF?

Mr. Borland: I would suggest reaching out to Director Gabbard and speaking with her about that. I'm hopeful that this goes back to the executive branch and who even has authority.

Unfortunately, I can't give you a 100% solid answer because I don't even have that knowledge.

Mr. Begich: Next question to George Knapp, what is the estimated annual budget, your view, for the program for investigating or reverse engineering UAP-related technology, including official misappropriated or black budget funds?

Mr. Knapp: I wouldn't have a clue. I don't know of any person that's ever seen it.

Mr. Begich: Does anyone on this panel wish to address that question? Okay. Moving on. Are any of you willing to name specific gatekeepers within the root cell of the UAP-SAP Federation?

Mr. Knapp: You mean specific people and contractors that have dealt with this and kept it secret?

Mr. Begich: Specific individuals?

Mr. Knapp: Well, one of them was named Dr. James Ryder at Lockheed. But again, to emphasize, I don't fault these contractors for doing what they were asked to do by our government. They're supposed to lie if people ask about it. And the intelligence agencies who gave this stuff to them, CIA think primarily, told them to keep it quiet. And they've done that, and I suspect that they'd like an off-ramp, that they'd like some help with figuring out this technology at some point.

Mr. Begich: And this is again available to anyone, is there a security classification guide for UAP or NHI?

Mr. Nuccetelli: I remember in the 2003 or 2023 hearing, it was stated that all UAP-related material is classified secret or above.

Mr. Knapp: I have a name for you.

Mr. Begich: Go ahead.

Mr. Knapp: Glenn Gaffney, CIA.

Mr. Begich: Glenn Gaffney, CIA.

All right. Another question for you, Mr. Knapp. What is, in your view, having investigated this issue for so many years, what is the long game with respect to disclosure of this information to the public? Because with the advent of essentially a video camera and a high megapixel phone in everybody's pocket, at some point, this information is going to be impossible to withhold from the public. What do you think is the long game here?

Mr. Knapp: Well, the secret's out. I mean, how many videos have there been already? Videos that are leaked from within the military and intelligence agencies and contractors and sensor platforms. It's out there. But they have the high ground. The people that don't want us to take it seriously dismiss it, discredit the witnesses, come up with a cover story. It's been out there a long time. The public senses that it's real, and the people in authority dismiss them. It's a game that's been going on a long time, and I don't think they're ever going to release it.

I think that there's an attitude among the people that have been involved in this for a long time that the public doesn't deserve to know, and that the public probably can't handle it, but they can.

Mr. Begich: Final question. Again, this one's open to anyone who's like to answer it. Describe your understanding of the org chart, or lines of control within the executive branch with respect to these topics. And if you'd like to address that in a SCIF, feel free to say so.

Ms. Luna: That could work, as long as I'm legally allowed to, and you are legally allowed to receive it.

Mr. Knapp: I think these programs are in the executive branch, a national security council, and over on that side. That seems to be what some of our witnesses have told us over the years.

So, Congress can file all kinds of requests, the FOIAs can be filed, or the Department of Defense, Department of War now, and they can, honestly, say, "Well, we don't have it," because they don't have it.

Mr. Begich: Thank you. Is there anything in my remaining 30 seconds that you'd like to share on any of these questions that I've asked you today?

Mr. Knapp: I applaud the committee for trying to tackle this monster of an issue. I really appreciate that it might be the only bipartisan issue in Washington where everybody can agree. We've watched the multiple hearings now. Everyone is asking the same kind of questions, whether right or left, and, honestly want the answers.

Chairman Luna, I appreciate your dedication to this, Tim

Burchett, and the other members for sticking with it, because it's come up in Congress before, and they had hearings, and then they dropped it for 50 years.

So, it's going to take a lot of time to get to the bottom of this, and I applaud your commitment to getting to the truth.

Ms. Luna: Thank you, Mr. Knapp. Pursuant to committee rule 9C-

Eric Burlison: Madam Chair, can I ask a parliamentary question of you?

Ms. Luna: Yeah. Sure.

Eric Burlison: Does this subcommittee have the authority to do subpoenas?

Ms. Luna: Taskforce … So, the taskforce to answer that question has to do it through full committee.

Eric Burlison: Okay.

Ms. Luna: And also in regards to immunity, which to Mr. Borland's point, we are going to be doing a motion to ask for immunity for you and a few other people to come into a SCIF, and tell us what you know without being subject to the Espionage

Act, et cetera.

Mr. Borland: Thank you, ma'am.

Ms. Luna: So, that's just an update, but as a taskforce, because we are not a full subcommittee, and there are certain authorities that haven't been granted to us, probably because they don't want us to have it, but there are ways to work around it. So, we're figuring that out.

Pursuant to committee rule 9C, the majority and minority will have an additional 30 minutes each to ask questions of the witnesses without objection. So, ordered. With that being said, if you guys want to jump in the queue, I know Representative Crane, Burlison, and likely Burchett have a few more questions.

I'll just start out with two, and then I'll pass the buck to Burlison. Burchett, do you have anything?

Tim Burchett: Yeah.

Ms. Luna: Burchett and then Crane. Just real quick, Mr. Knapp, and short answers, please, because of time, how much of these alleged Russian crash retrieval documents have already been physically out there? So, percentage-wise of the documents that you submitted to Congress, what was public already and what was not-

Mr. Knapp: Maybe 1%.

Ms. Luna: Okay. So, the rest of it should be predominantly new information?

Mr. Knapp: Yup.

Ms. Luna: Also can you just elaborate real quick? I know you had I think mentioned a Threat Three program, but also alleged in those documents, I got through maybe half of them last night. There's a lot, and I don't speak Russian, contrary to what people might allege. What does the Threat Three … Was there any specific programs that existed within the Soviet government or groups to specifically investigate this by name? Real quick.

Mr. Knapp: It's a number. There's a number in those documents I gave you. There was a larger program that actually had three sub-programs that was … Threat Three was the name I got, and then the DIA guys who looked at it figured out there was a much larger organization that-

Ms. Luna: But it's listed in those documents?

Mr. Knapp: Yes.

Ms. Luna: Okay. Thank you. Real quick, I'd like to ask the committee to replay that video that Burlison had played earlier. I want to ask every witness here, specifically, ones that have sensor training, or have been able to recognize some of this movement real quick. So, if you guys can please roll that real quick.

Okay. While this is still rolling, Mr. Nuccetelli, real quick, yes or no answers, are you aware of anything in the United States government arsenal that can split a hellfire missile like this?

Mr. Nuccetelli: No.

Ms. Luna: And do whatever blob thing it did and then keep going? Nothing?

Mr. Nuccetelli: Nothing.

Ms. Luna: All right. How about you, Chief Wiggins?

Chief Wiggins: Nothing to my knowledge, ma'am.

Ms. Luna: Okay. And how about you, Mr. Borland?

Mr. Borland: I'd prefer to answer that in a SCIF.

Ms. Luna: Okay. Does this video scare you guys? Yes or no?

Mr. Nuccetelli: Yes.

Ms. Luna: Wiggins?

Chief Wiggins: Yes.

Ms. Luna: Knapp?

Mr. Knapp: I had a different reaction. I was really happy that it got out. Thanks for providing-

Ms. Luna: Curiosity killed the cat. All right. Mr. Borland?

Mr. Borland: Yes. For-

Ms. Luna: Okay. All right. That is the end of my questioning. I'd like to now recognize Mr. Crane.

Mr. Crane: Thank you. Chief, I was on a ship for a little bit. I was a gunner's mate on the USS Gettysburg for a couple of years. My question to you is when you had your encounter, and you saw it on the screen, you were in the CIC. Is that correct?

Chief Wiggins: That's correct. On a LCS ship. The CIC is on the bridge. So, it's called ICC-1, but, yes. The same.

Mr. Crane: Did a bunch of the other folks in the CIC come and check out what you were looking at?

Chief Wiggins: Yes. We all did. The Tactical Action Officer(TAO), myself, the RCO, and two others that were on watch. We were all in the same space. So, we were all looking at the Sapphire screen all at the same time.

Mr. Crane: Because in the other couple instances with the witnesses, you guys just saw it by yourself. Is that correct? Mr. Borland, you saw it by yourself?

Mr. Borland: Yes, sir.

Mr. Crane: Mr. Nuccetelli, you saw this by yourself?

Mr. Nuccetelli: No. There were multiple witnesses in every case at Vandenberg.

Mr. Crane: Okay. So, Chief, did that spread like wildfire throughout the ship in the next day or two? What you guys had seen.

Chief Wiggins: No, sir. It didn't spread throughout the ship, but it spread throughout ICC-1 conversation. As you do your turnover, we'd talk about it. But it didn't go further than just the watch standers that stood watch on the bridge, and an ICC-1. So, it did move around there throughout a few days.

Mr. Crane: I'm surprised. Stuff usually spreads around the ship pretty fast. Why do you think the rest of your fellow sailors on the boat didn't hear about it?

Chief Wiggins: Potentially uninterest, possibly with engineers, or combat systems, like yourself, don't make their way up to the bridge enough to get with inside of the circle of talk about the incident.

Mr. Crane: Was it hard for you to get permission from the Navy to bring that video?

Chief Wiggins: I, myself, didn't bring the video. I just saw the video. When I saw the video, I got in touch with Admiral Gallaudet. That's how I wound up knowing about the video itself when I first talked to the admiral. And you can hear my voice at the backend of the video, and that's … I was like, "Hey. That's my voice," and I wanted to talk about it.

Mr. Crane: How long did that encounter take place, Chief?

Chief Wiggins: So, the encounter itself from the time I recognized on my radar to the time after the video ends was probably about five to seven minutes.

Mr. Crane: What speed was the object moving at?

Chief Wiggins: When I first witnessed off the port bridge wing, the object moving out of the water … What I thought was originally just a light on the water, something on the horizon, and surfacing and going into the air, I then knew it was an air contact. But as an air controller myself, I started thinking and going through my checklist in my mind, "Could it be a helo?" But it's not blinking lights.

So, I then realized this is something I've never seen before. So, the speed itself just going from the horizon to about maybe 3000, 4000 feet in the air was very slow, slowly rising.

And then it sped up … I'm not an expert at knowing specific speeds of aircraft just by visual eye, but I would say probably one, two Mach instantly into the rest of the formation.

I didn't notice visually, with my own eyes, the other three objects until I went back to my radar, and also utilized Sapphire to see that, in fact, there were four total.

And then, again, when they all left after a certain amount of time, it was nearly instantaneous.

Mr. Crane: So, you spotted it visually first, Chief, and then went back to your radar, or did you guys spot it on the radar first?

Chief Wiggins: Radar first, because that was my watch station was-

Mr. Crane: And then you went out to the port bridge wing. Is that correct?

Chief Wiggins: Correct to verify what I saw on my radar.

Mr. Crane: What range was it at, Chief, when you were able to see it visibly?

Chief Wiggins: I would say about seven nautical miles, seven to eight nautical miles of a light from the ship.

Mr. Crane: Wow. Thank you. I yield back.

Ms. Luna: I now recognize Mr. Burlison.

Eric Burlison: Thank you, Madam Chair. Mr. Chief Wiggins, you said that it emerged from the ocean. Is that right?

Chief Wiggins: Yes, sir.

Eric Burlison: And before it did, it was a glowing object under the water?

Chief Wiggins: That part I couldn't tell, because it was nighttime, 19:15 approximately, and it was also at a distance. So, it's very hard to tell the difference between something on the horizon and something surfacing from the water. My personal thoughts after seeing what I saw was that it did, in fact, come from the water, but I don't have visual evidence showing exactly that it did, in fact, come from the water, but, again, I had to go through my process of elimination, and try to figure out, "Was this a ship on the horizon just showing its lights at night?" But to see it surface, then it made me question, "Okay. Where did this come from if it's flying and it's not a drone, or anything like that? Where was its origin? Where did it start?"

Eric Burlison: Mr. Knapp, in your testimony, and in this document, you detail an event that happened in Russia where their nuclear missiles were activated. We were close to a World War Three at that time, which is startling to hear. It's also good to know that as we have investigated the JFK files as well, that we're learning that there was a document that was sent between Russia … There was an agreement between Russia and the United States that if they were to see some unidentified objects over sensitive sites, that they would report it to each other. Are you familiar with that document?

Mr. Knapp: Yes. I'm also familiar with the public rhetoric between President Reagan and Gorbachev at the time too, that they traded statements about, "Wouldn't it be something if we were threatened by something from way outside? How we might work together."

I know for sure that they had conversations about it, and I know we did reach an agreement to try to lessen the possibility that us detecting a UFO, or group of UFOs, would not be mistaken for a bunch of Russian missiles. There were exchanges of that sort back and forth.

Eric Burlison: Yeah, and I can imagine this is … To me, the validity of this document is underscored by the fact that Russia would not want this to be known. They absolutely would not want the public to know, or the United States to know that there was a vulnerability in their missile systems. Would you agree?

Mr. Knapp: Absolutely. And we had similar incidents at our nuclear weapons facilities here that have all been swept under the rug, but it's pretty scary when you take down 10 missile silos during tense times, and you don't have a better explanation for it than it was a special test of security mechanisms, or using EMPs, which is a preposterous explanation.

Ms. Luna: Real quick, we're going to cut to Mr. Ogles. He just got back. So, we're in a special lightning round. So, five minutes. And then we'll go back to line of questioning.

Mr. Ogles: Thank you, Madam Chair. At this point, I think it's clear from the hearing that there is advanced technologies that are taking place in airspace. The question is, and I posed it in one of the previous hearings, "Is it ours? Is it theirs? Or is it otherworldly?"

There may not be a silver bullet at the moment, but when you look back through the hearing, and the evidence that's been presented, if you were going to point the American people to one piece of evidence to start their journey on this topic, what would you suggest, sir?

Mr. Nuccetelli: One piece of evidence? I would start with this hearing, and the first hearing. There is no evidence-

Mr. Ogles: But is there a specific … Exactly. But is there a specific evidence or footage or document that you think lends extremely credibility to what we're discussing today?

Mr. Nuccetelli: I would say this new video we're seeing today is exceptional evidence that we're dealing with something-

Mr. Ogles: With the kinetic?

Mr. Nuccetelli: Yes, sir.

Mr. Ogles: Mr. Wiggins?

Chief Wiggins: Sir, I'd have to say that if just the average person here in America looked at absolutely everything that has come across television, the internet, et cetera, you can't tell yourself that 100% of what's being recorded is fake, or false. You have to, at some point, understand that there is something else out there.

Ms. Luna: And you bring an interesting point, the law enforcement community, any time you're conducting an investigation, you're always looking at the totality of the circumstances. You're looking at all the evidence and how they piece together.

And so, that would be my advice to the American people, that this is a journey that is just beginning from a Congressional perspective, but you have decades of data, some of it not real, much of it is, but thanks to Chairwoman Luna, we're now presenting this to the American people, and I think this latest video from Mr. Burlison is something that should give everyone pause. When you see the three orbs that drop, was that in a defensive posture? Was that in an offensive posture? And what capabilities did those orbs have that we, quite frankly, may not have? Mr. Knapp?

Mr. Knapp: As I mentioned at the beginning of my remarks, what hooked me on the story was the paper trail, these documents that shouldn't exist. We've been told for decades over and over, "There's nothing to it. It's not a threat. You can go about your business," and then when FOIA becomes the law of the land, thousands of pages to the contrary leak out.

There's a memo by General Nathan Twining in 1947 when the country was being overflown by dozens of UFOs, hundreds of UFOs, in which he said, "Look, this is not visionary or fictitious. It's real. These things are craft. They're not ours. They outperform anything we've got."

If you follow the paper trail of documents that they wrote before the military got wise and realized that FOIA really exists, and changed their tune, and not put things in writing, it spells it out pretty clearly.

I'll refer back to Russia. One incident I did not mention to Representative Burlison is there a ... Colonel Sokolov in that Ministry of Defense program said there were 40 incidents where Russian warplanes were sent to intercept UFOs, and they were ordered to fire on them. And for the most part, the UFOs would zip away. Three of the pilots, though, did fire at these things. Those three planes stalled out, crashed. Two of those pilots died. And after that, the Russians changed the standing order. "If you see a UFO, leave them alone."

No country in the world wants to say, and admit that these objects are flying around in our airspace, and there's nothing we can do about it. Who wants to say that? The U.S. certainly doesn't, and Russians didn't either.

Ms. Luna: And I've got to be almost out of time, but Mr. Borland, and you, sir, real quickly.

Mr. Borland: Yeah. To be honest with you, I think Bob Lazar, and not for the reasons that most would talk about, mainly, because Bob Lazar was immediately discredited. They said he never worked where he worked. They said he never did what he did.

But yet Bob Lazar showed up with a bunch of friends and a video camera, and was filming these test flights in the middle of the desert. So, clearly, he knew something.

Ms. Luna: Madam Chairwoman, if I'm out of time, I yield back.

Ms. Luna: Thank you very much, Representative Ogles. I'd like to go back now on our lightning round of questioning to Representative Burchett, and then Burlison. Burchett, always number one.

Tim Burchett: As well I should be. Number one in your heart, number 435 on the chart. That's me. Knowing you testified to AARO, are they obfuscating when they claimed to have discovered no evidence of extraterrestrial beings, activity, or technology? And are they lying to the American public?

Mr. Borland: As I said before, it's a manipulation of the public perception. The statement, "Scientific evidence of extraterrestrials" is a true statement. It is not the truest about what is happening and what we have.

Tim Burchett: Would any of y'all like to comment on that further? Mr. Knapp, you're edgy.

Mr. Knapp: It's splitting hairs. No proof that there are extraterrestrials. What would that proof look like? A piece of kryptonite? What would it be? We could be talking about different forms of non-human intelligence. I think the dominant paradigm is that they come from outer space, somewhere else, and they have some way that they can cross those vast distances that we can't even imagine doing.

But that's not necessarily the answer. So, asking for proof of extraterrestrials might not be the answer at all. It's splitting hairs. We don't know where they're from. I don't know anyone who knows the answer for sure. They call them aliens just as a place keeper kind of a word, but no one in all these programs, who have studied this stuff for years, people with much bigger brains than mine, knows the answer for sure.

Tim Burchett: Yeah. I've talked to Navy folks at some of the deep sea areas. They think there might be something there, that they're here, and don't know when they got here. And the other point that needs to be made is every time we say we're going to back-engineer, or whatever you want to call it, these craft, I always say it'd be like if you took … I ride motorcycles, but if you took, like, an Indian, or a Harley to the people that came over here on the Mayflower, they'd see a bright shiny object, they might polish it. They might get it started. I doubt they could. They couldn't work on it, they couldn't put fuel … They wouldn't have the capability of putting fuel in it.

I just think that that's … We're scratching at something that we don't have any knowledge of, and that's why it's just taken so danggone long. But they do know, the first one that cracks that code, it's over. It's energy, it's power, it's everything.

And I worry too, that in the wrong hands if they do that, they keep it from the rest of us, because they're so invested in whatever energy sources we have here, that their billionaire bodies are going to profit, and they can't retool, because they know once it's out on the internet, it's over.

And so, I think there's a lot of things going after ... And I think that's why the move to discredit folks is so rampant too. I think they just point to them, and they put the dogs on them, and it disgusts me.

Mr. Knapp: There's a price to be paid for that too. The Russians and Chinese are trying to figure this out as well, but they don't have the same kind of stigma. They tell their best scientists and engineers, "Get in there and work on it." And they've been doing it for a very long time. Might have a headstart on us.

Here, we don't have our best scientists and engineers working on it, because they've been told it's nonsense. The stigma is very real for people like that.

Tim Burchett: I agree. Yield back, Chair Lady.

Ms. Luna: Thank you. I'd now like to recognize Representative Burlison.

Eric Burlison: Mr. Nuccetelli, when you heard the testimony of Mr. Knapp talking about these missiles were shutdown, or turned on in Russia, does that remind you … When you hear these stories, it's got to remind you of the event that happened on your base.

Mr. Nuccetelli: Absolutely. There are many, many accounts of incursions of this taking place. I believe in the '60s, we had a similar incursion in New England. And same thing happened. There were these objects coming over the base at low altitude, 200 feet over the base security police, and they were scrambling fighters. And then the objects would just fly off, and that went on for weeks.

So, the historical record has laid out that there's a pattern, that our installations are visited by these craft, they come in and do whatever they're doing, and then they leave. And we don't know how to respond. We don't know how to protect the installation. So, that's why we're here.

Eric Burlison: When you first heard, and were having to report on these incidents that were being witnessed by other individuals, did you believe them? Did you, yourself, believe it would be true until you saw it?

Mr. Nuccetelli: These are people I've worked with for years, deployed with. I was in some of their weddings. These are people that I work with every day of my life. Usually, when the events were occurring, we were all together. There'd be 40, 60, 100 people on duty during these encounters.

Eric Burlison: Really?

Mr. Nuccetelli: Yeah.

Eric Burlison: All seeing it at the same time?

Mr. Nuccetelli: Yes. These encounters were playing out while we were on duty, and we were responding and investigating in real time as they occurred.

Eric Burlison: And as you said, the importance of your operation was highly important, because they said it's the most important in 25 years.

Mr. Nuccetelli: Right.

Eric Burlison: The research you were conducting.

Mr. Nuccetelli: For that particular launch, we had 500 Air Force police officers guarding the launch. 500 people. It was that critical.

Eric Burlison: Wow.

Mr. Nuccetelli: And had this thing shown up, we wouldn't have been able to do anything to prevent it showing up.

Ms. Luna: Real quickly, can you just re-describe size and whether or not you heard anything? It was how big-wise?

Mr. Nuccetelli: The two square objects were, at least, as large as a football field. The second encounter, they think it was much larger than a football field. We're talking, like, flying buildings. The object I saw was about 30 feet in diameter-

Ms. Luna: And to confirm, you were not the only person that saw this?

Mr. Nuccetelli: Correct.

Ms. Luna: I think I was also told that there was also reports of this in a police blotter in the area. Can you confirm that?

Mr. Nuccetelli: Yes. That's the documentation that I maintained from the original event, and turned into AARO and the FBI.

Ms. Luna: Okay. Do you have any more, Burlison?

Eric Burlison: No. Madam Chair, I just want to reiterate to the American people that if you're frustrated, so are we. We're extremely frustrated. The two, three years, I can only imagine how frustrated Mr. Knapp is, or Danny Sheehan is, and the amount of time that you guys have poured into this to try to get answers. Haim Eshed is back there. He's been pouring to try to get answers into this.

I hope that you all see that we are committed to this, and we're going to be scrappy about it. We may not have the direct authority, but I can assure you, Representative Luna is about as scrappy as it gets. I wouldn't want to scrap with her.

But with that being said, I think that if the American people want to see answers, we need to action. We've had the hearings. It's time to take action. It's time that we passed Tim Burchett's Whistleblower Act. It's time that we pass the UAP Disclosure Act. And I think that we've had a lot of talk about this. It's time for action.

Ms. Luna: Thank you, Burlison. I would now like to yield 30 minutes to Representative Crockett.

Ms. Crockett: I'll reserve.

Ms. Luna: Thank you. In closing, I want to thank our witnesses once again for their testimony today. I now yield to Ranking Member Crockett for closing remarks.

Ms. Crockett: I'll pass. No. I just want to say thank you so much to each and every one of you for being here today, for staying committed to this, and for your courage. I truly believe that courage is contagious, and right now we need more courage than ever, whether it's UAPs, or whether we're dealing with any other form of government where people are afraid to come out, and speak their truth. The American people are relying on amazing public servants like you to speak up on their behalf, to be the watchdog, and to make sure that we are as safe as possible. And so, thank you so much again for conducting a bipartisan hearing on such an important matter.

Chapter 4 Closing (Adjournment)

Ms. Luna: Thank you. I'd now like to recognize myself for some closing remarks. This is, obviously, something that doesn't just affect everyone in this room. I can tell you that, specifically, for where I represent in Pinellas County, Tampa Bay, and Florida, as a whole, there is many sightings, many questions, people reporting this. But I'm not the only one.

I was also told by Representative Biggs as well as our great representative from Alaska that these are not isolated instances. And so, it does give reasoning to provide investigative inquiry into these topics, but also to ⋯ I would also like Mr. Spielberger, if you could actually review, and see if your organization would endorse the Whistleblower Protection Act that Representative Burchett has. I can tell you that I will be signing onto a letter, as well as I'm sure many other members of this taskforce. And we hope that the Ranking Chairwoman, or my colleague here,

Representative Crockett as well as our Democrats that were here today consider also signing onto that as we do feel that it is time to ensure that our whistleblowers are given adequate protections, and that people like Mr. Borland are not facing retribution in the way that they have been.

With that being said, with all of that, and without objection, all members have five legislative days within to submit materials, and additional written questions for the witnesses, and which will be also forwarded to those witnesses. If there are no further business, without objection-

Tim Burchett: Chairwoman, can I say one quick thing?

Ms. Luna: I'd like to now recognize Representative Burchett for closing remarks.

Tim Burchett: I would just like to thank the Ranking Member and the Chair Lady for their courage. This is a tough issue. We all catch hell for it. But it's gratifying that we're here in a bipartisan nature, and the way this meeting was conducted. And I want to thank you all for your courage. Thank y'all.

Ms. Luna: Without objection, the taskforce stands adjourned.